山西大学建校120周年
学术专著

农作物精准育种关键技术及实践

NONGZUOWU JINGZHUN YUZHONG
GUANJIAN JISHU JI SHIJIAN

王景雪◎著

中国环境出版集团·北京

图书在版编目（CIP）数据

农作物精准育种关键技术及实践 / 王景雪著 .—北京：中国环境出版集团，2022.4
ISBN 978-7-5111-5113-1

Ⅰ.①农… Ⅱ.①王… Ⅲ.①作物育种—研究 Ⅳ.① S33

中国版本图书馆 CIP 数据核字（2022）第 058048 号

出 版 人 武德凯
责任编辑 赵惠芬
责任校对 任 丽
封面设计 光大印艺

出版发行 中国环境出版集团
（100062 北京市东城区广渠门内大街 16 号）
网 址：http://www.cesp.com.cn.
电子邮箱：bjgl@cesp.com.cn.
联系电话：010-67112765（编辑管理部）
010-67175507（第六分社）
发行热线：010-67125803，010-67113405（传真）
印 刷 北京中献拓方科技发展有限公司
经 销 各地新华书店
版 次 2022 年 4 月第 1 版
印 次 2022 年 4 月第 1 次印刷
开 本 787×1092 1/16
印 张 7.25
字 数 160 千字
定 价 40.00 元

目 录

1 精准育种及其关键技术

粮食是人类生存的根本，也是社会发展和国家稳定的基石。由于世界人口的持续增长、社会经济的快速发展，以及全球气候的不断变化，世界粮食生产正面临着严峻挑战，同时土地资源的短缺、生态环境的恶化也威胁着世界粮食生产的可持续发展。粮食安全及粮食生产的可持续发展已经成为全世界关注的焦点。我国是一个拥有 14 亿人口的大国，要用仅占世界 9% 的可耕地面积养活世界近 20% 的人口，对土地产出效率的要求之高可想而知。况且由于我国城市化和工业化的迅速发展，加之土壤退化和盐渍化，可耕地面积还在不断减少。在我国可耕地中，仅有 40% 属于高等级的农耕地，有利于农作物的生长，这就更加剧了供需的矛盾。

农以种为先，种业作为农业的先导产业，是保障粮食安全的基础。根据联合国粮食及农业组织的资料，粮食总产增长的 80% 依赖单产提高，单产提高的 60%～80% 源于良种贡献。推广良种是最经济、最有效的增产手段。在我国各项农业增产措施中，推广良种对粮食增产的贡献率达到了 40% [1]。

生物育种作为现代农业的“芯片”，对解决我国种业领域“卡脖子”技术问题、促进粮食增产稳产、端牢中国人的饭碗具有重要意义，也是保障国家粮食安全的战略性、基础性核心产业。

“十四五”期间，农业质量和效益的提高将成为发展重点，关键核心技术的创新和应用对我国农业国际竞争力的提升至关重要。农业转基因技术作为发展最快、应用最广泛的现代生物技术，有望在重科学、严监管的前提下率先实现产业化发展。

1.1 作物育种发展历程

世界作物育种技术发展经历了以下 4 个主要阶段 [2-3]。

（1）原始驯化选育阶段（育种 1.0 时代）：主要特征是不靠育种理论支持，只是有意识或无意识地对作物进行偶然的选择，仅仅选择产量或其他性状表现好的单株作为下一季栽培的种子，并不断地繁殖下去。

（2）常规育种（传统育种[4]）（育种 2.0 时代）：包括杂交育种、诱变育种、杂种优势利用等育种方法。杂交育种是通过父母本杂交并对杂交后代进一步筛选，获得具有父母本优良性状的新品种、新种质；诱变育种是人为利用物理、化学等因素，诱发亲本材料产生突变，从中选育具有优良性状的新品种、新种质。这个阶段始于孟德尔遗传规律被发现之后，并逐渐建立育种理论体系。育种家对品种的选择主要依赖于长期的性状表型选择经验。

（3）分子育种（育种 3.0 时代）：始于 DNA 双螺旋结构被发现之后，随着分子生物学、细胞工程、基因工程技术、基因编辑技术等的不断发展，将分子生物学技术手段应用于植物育种，通常包括分子标记辅助育种、转基因育种、基因编辑育种等。育种家依据基因型对后代材料进行甄别、选择，因而能够对目标性状进行精准改良。育种周期相对于传统育种也大大缩短。

（4）分子设计育种或智能化育种（育种 4.0 时代）：基于基因编辑、生物育种、分子模块、人工智能等技术的融合发展，实现性状的精准定向改良和优良性状集成。智能化育种以基因组大数据、表现型大数据和环境大数据等为核心，利用人工智能技术预先进行模拟和筛选，从而设计出最优化的品种蓝图，利用合成生物学、转基因、基因编辑等技术，按照人类设计的品种蓝图重构出新品种。

作物育种的发展与科学技术发展是分不开的，从传统育种到分子育种，再到智能化育种，科学的成分越来越高，发表的科学论文也越来越多（图 1-1）。育种的预见性、准确性、效率越来越高，经济、社会和环境效益也越来越高。分子设计育种或智能化育种是解决未来粮食供应安全的重要途径，但是目前分子设计育种在理论、技术以及规范化方面还存在诸多“瓶颈”。目前，我国主要作物大多数还处于传统育种阶段，有序地开展生物育种，做好现代农业的“芯片”，对解决我国种业领域“卡脖子”技术问题、促进粮食增产稳产、端牢中国人的饭碗具有重要意义。

目前，我国主要作物的新品种选育正在由经验育种向精准育种发展。

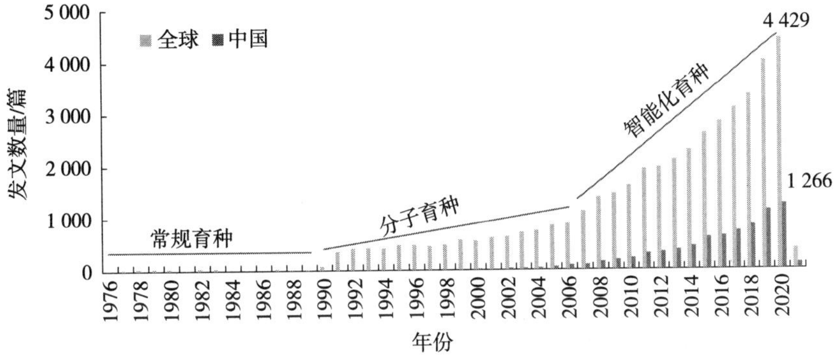

图 1-1　全球不同育种阶段发表论文数量（PubMed）

［图片来自景海春等（2021）］

1.2　全球转基因作物种植现状

转基因技术是现代分子生物学与育种技术相结合的产物，转基因作物在抵御农作物病虫害、提高作物产量、解决日益严重的粮食危机等问题方面具有重要意义。全球转基因作物的商业化种植始于 1996 年，据国际农业生物技术应用服务组织（ISAAA）统计，2018 年是全球连续应用转基因作物的第 23 个年头。全球共有 70 个国家和地区种植或进口了转基因作物。2018 年，转基因作物种植面积达 1.917 亿 hm^2（图 1-2），为转基因作物种植面积最大（2019 年种植面积为 1.904 亿 hm^2）年份[5]。美国、巴西、阿根廷、加拿大和印度是世界上转基因作物种植面积排名前五的国家，我国的转基因作物种植面积位列第七。

2018 年，在种植面积最大的四大转基因作物中，转基因大豆以 9 590 万 hm^2 的种植面积居首，占全球转基因作物种植面积的 50%。其次是玉米（5 890 万 hm^2）、棉花（2 490 万 hm^2）和油菜（1 010 万 hm^2）。2018 年全球转基因大豆的应用率为 78%，转基因棉花的应用率为 76%，转基因玉米的应用率为 30%，转基因油菜的应用率为 29%。转基因作物的性状主要是抗虫、抗除草剂和二者的复合。

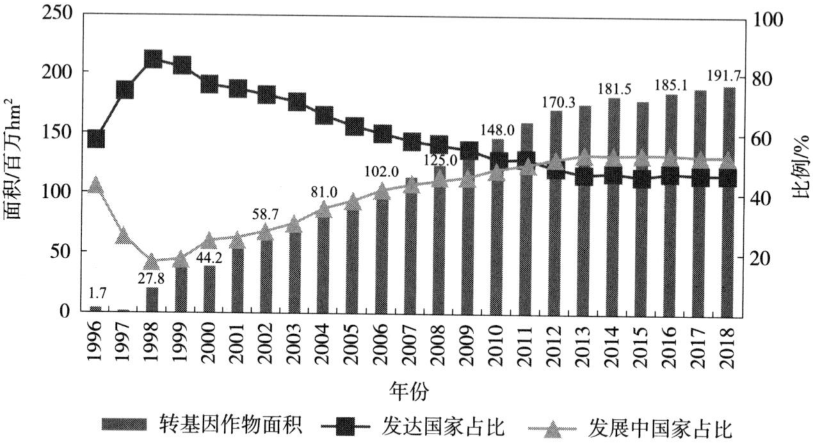

图 1-2　1996—2018 年全球转基因作物种植面积

（资料来自 ISAAA）

1996—2016 年，转基因作物对全球农业的主要贡献在于：

（1）增加作物产量和农业收入。20 年间全球转基因作物使农业收入增加了 1 861 亿美元；同时，转基因抗虫农作物也提高了作物产量。

（2）保护生物多样性。20 年间通过转基因技术增加的产量，节约了用于耕种的土地 1.83 亿 hm^2。由于种植抗虫农作物，减少了农药的施用，也缓解了因施用农药而造成的有益昆虫种群减少的情况。

（3）降低了除草剂和杀虫剂对环境的影响，农药使用量下降了 18.4%。

（4）减少 CO_2 排放，仅 2018 年就减少了 271 亿 kg，相当于 1 年在公路上减少了 1 670 万辆汽车。

（5）帮助缓解贫困与减少饥饿人口。转基因作物帮助了 1 600 万～1 700 万小农户及其家庭，为超过 6 500 万贫困人口提供了安全的粮食保证。

1996 年以来，转基因作物种植面积增加了约 113 倍，累计面积达 25 亿 hm^2，转基因技术成为全球普及速度最快的作物技术。转基因作物简化了农业生产过程，并为农民带来了更多的收益。

我国在转基因产业化方面最突出的是抗虫棉。2019 年，我国商业化种植的转基因作物为棉花和木瓜，总种植面积为 320 万 hm^2，转基因作物种植面积位列世界第七。

1.3 精准育种及其关键技术概述

精准育种是现代农业中综合利用细胞工程、基因工程、分子标记等生物技术，对农作物性状进行精准改良的育种技术。精准育种包括分子标记育种、转基因育种、RNAi 技术以及新兴的基因编辑等生物技术。与传统育种相比，精准育种具有育种周期短（育种周期可以缩短为传统育种周期的 1/4～1/3），可以精准改良作物性状，育种过程简化，可以快速、定向、高效培育系统改良的植物新品种等鲜明的技术特点。因此，精准育种技术代表着先进的生产力，是现代育种技术中最受关注的领域。

结合多学科的分子设计育种是未来作物育种的不二选择，它的高效性、精准性必将使作物育种进入一个新的时代。未来在精准育种领域，无论是转基因育种还是基因编辑育种，高效、简便且不依赖于植物组织培养技术的转基因方法、转基因过程中非抗生素筛选标记基因和筛选剂的选择都是实现精准育种的关键技术。

当今国际上流行的植物转基因方法主要有农杆菌介导转化法和基因枪转化法。这两种方法各有其局限性，农杆菌介导转化法不适用于绝大多数的单子叶植物；基因枪转化法所需设备昂贵，限制了其应用。而且这两种技术均是建立在受体作物具有高效组织培养体系的基础上。同时，在农作物基因转化中另一个突出的问题是转化率低，特别是在难以进行组织培养的农作物（如玉米、高粱、油菜等）中缺乏高效组织培养体系，遗传转化率非常低，大大限制了其遗传改良进程。因此，建立高效、简便且不依赖于植物组织培养体系的新型遗传转化体系，对于我国的种质创新具有非常重要的意义。本书主要介绍了我们 20 余年来开展的高效植物基因转化方法研究，尤其是不依赖于植物组织培养技术的花粉介导转基因方法、非抗生素基因转化筛选标记研究和应用的实例，以便为基层生物育种工作者提供帮助。

参考文献

[1] 孙强，严永峰，沈海波 . 国内外种业科技创新浅析 [J]. 中国种业，2013(9): 4-6.

[2] 景海春，田志喜，种康，等. 分子设计育种的科技问题及其展望概论 [J]. 中国科学：生命科学，2021，51(10): 1356-1365.

[3] 应继锋，刘定富，赵健. 第5代（5G）作物育种技术体系 [J]. 中国种业，2020(10): 3.

[4] Wallace J G, Rodgers-Melnick E, Buckler E S. On the road to breeding 4.0: unraveling the good, the bad, and the boring of crop quantitative genomics[J]. Annual Review of Genetics, 2018, 52(1): 421-444.

[5] 国际农业生物技术服务组织. 2019 年全球生物技术 / 转基因作物商业化发展态势 [J]. 中国生物工程杂志，2021，41(1): 114-119.

2 油菜农杆菌介导遗传转化体系的建立

油菜的遗传转化研究始于20世纪80年代后期，1996年商业化种植的转基因作物中就包括了油菜。ISAAA发布的《2018年全球生物技术/转基因作物商业化发展态势》报道，到2018年全球转基因油菜种植面积已达1 010万hm^2，转基因油菜的应用率为29%，主要种植国是美国和加拿大。油菜已经成为继转基因大豆、玉米、棉花之后的第四大转基因作物。

转基因油菜的性状主要集中在抗虫、抗除草剂以及抗虫和抗除草剂双重抗性。尽管油菜有用不同的转基因方法（如PEG法、电击法、激光微束法等）的报道，但是农杆菌介导法仍然是目前油菜转基因研究的首选方法。

油菜是双子叶植物，常规的基因转化采用基于植物组织培养技术的农杆菌介导转化方法。在农杆菌介导转化法中，外植体高效再生体系的建立是获得高效转化的前提条件和必要条件。以往的研究证明，油菜不同品种在外植体再生能力方面存在很大的差异。油菜外植体的再生分化能力具有明显的基因型依赖性，且多数品种的分化能力并不理想。因此，在油菜基因转化研究中，针对不同材料优化培养基、建立高效外植体再生系统是进行高效转化的必要步骤。油菜被业界认定为不易进行组织培养的植物种之一。究其原因，除基因型依赖性以外，组织培养中普遍存在外植体易褐化死亡的现象，严重限制了油菜高效转化体系的建立。

标记基因是植物基因转化中的重要工具，先前的植物基因转化所用的标记基因通常为抗生素抗性基因，因此在转化过程中以抗生素为筛选剂。

在植物转基因中，公众对转基因及其产品安全性的担忧主要来自两方面：一是担忧转入的目的基因是否安全；二是担忧常规基因转化中与目的基因一起转入目标植物的抗生素筛选标记基因是否安全。人们担心长期食用大量以抗生素抗性基因为选择标记的转基因食品会给人类健康和环境带来潜在风险，这些抗生素抗性基因在整个大食物链中进行循环，会导致人体积累这种抗生素抗性基因，并对其产生耐受性。

为了充分保证社会公众的合法权益，消除公众的担忧，世界上很多国家都建立了相对完善的转基因植物管理方法，制定了相应的法规，我国也不例外。早在2001年5月23日，我国就颁布了《农业转基因生物安全管理条例》，此后又发布了《农业转基因生物安全评价管理办法》《农业转基因生物标识管理办法》等一系列政策，逐步建立起了农业转基因生物安全管理体系和机制，对转基因的安全性进行严格的监督管理。关于转基因安全性的监管主要有两方面：一是对转入的目的基因进行安全性评价；二是对转入的抗生素标记基因进行安全性管理。对于目的基因的安全性评价是要根据该基因的来源、性质、功能以及产品的致敏性等进行一系列的针对性实验来确定其安全性，需要个案分析。而对于抗生素标记基因，目前有两种解决途径：一是选择一些更安全的替代基因；二是在转化载体上进行改良，采用“双T载体”，即在转化后代中通过基因分离将抗生素抗性基因淘汰，获得仅保留目的基因、无选择标记的转基因植株[1]。我们的工作主要是采用第一种策略，即选择一些更安全的替代基因。为此，我们创新性地研究了油菜转基因中以抗草甘膦基因 *aroA-M1* 作为选择标记的可行性。草甘膦是一种常用除草剂，其除草机理主要是通过抑制芳香族氨基酸合成途径中的5-烯醇式丙酮酰莽草酸-3-磷酸合成酶（EPSPS）的活性，阻断芳香族氨基酸的生物合成，最终杀死杂草。*aroA-M1* 基因编码有一个突变的EPSPS，由于该EPSPS与草甘膦的结合力很低，所以赋予植物抗草甘膦的特性[2]。

本章旨在利用不同的油菜材料建立高效的外植体再生系统，并在此基础上，探讨油菜农杆菌介导转化中的主要影响因子，建立农杆菌介导的油菜高效遗传转化体系和草甘膦转基因筛选体系。

2.1 甘蓝型油菜高效组织培养体系的建立

2.1.1 实验材料及方法

2.1.1.1 实验材料

甘蓝型油菜（*Brassica napus* L.）：湘油14号、湘油15号、Y03-211。种子由湖南农业大学油料作物研究所提供。

2.1.1.2 植物组织培养所用培养基及配制

油菜组织培养所用的基本培养基为 MS 培养基[3]。

植物激素一般配制成 0.5 mg/mL 母液，4℃贮存备用，具体配制方法见表 2-1。赤霉酸不能高压灭菌，应在培养基灭菌后加入。

表 2-1 组织培养中所需植物激素的配制

种类	名称	溶解方式	灭菌方式
生长素	萘乙酸（NAA）	先用少量 95% 乙醇溶解，再用蒸馏水定容	高压或过滤灭菌
	吲哚乙酸（IAA）	同上	同上
	2,4- 二氯苯氧乙酸（2,4-D）	先用 1 mol/L 氢氧化钠（NaOH）溶解，再用蒸馏水定容	同上
细胞分裂素	赤霉酸（GA3）	先用少量 95% 乙醇溶解，再用蒸馏水定容	过滤灭菌
	6- 苄氨基嘌呤（6-BA）	先用 1 mol/L 盐酸（HCl）溶解，再用蒸馏水定容	高压或过滤灭菌

注：过滤灭菌所用材料为 0.22 μm 孔径的滤膜。

2.1.1.3 用于油菜外植体再生的培养基及配制

以 MS 为基本培养基附加各种植物激素，组成不同的油菜下胚轴再生植株分化培养基（表 2-2）。硝酸银（$AgNO_3$）先配制成 1 000 倍的母液，避光保存，用时稀释。

表 2-2 诱导油菜植株再生的分化培养基组成

培养基	6-BA/（mg/L）	NAA/（mg/L）	GA3/（mg/L）	$AgNO_3$/（μmol/L）
MB	2	0	0	0
MBA	2	0	0	20
MBG	2	0	0.5	0
MBGA	2	0	0.5	20
MB3	3	0	0	0
MB3A	3	0	0	20
MB3G	3	0	0.5	0

续表

培养基	6-BA/（mg/L）	NAA/（mg/L）	GA3/（mg/L）	$AgNO_3$/（μmol/L）
MB3GA	3	0	0.5	20
MN	0	0.5	0	0
MNA	0	0.5	0	20
MBN	2	0.5	0	0
MBNA	2	0.5	0	20
MBNG	2	0.5	0.5	0
MBNGA	2	0.5	0.5	20
MB3N	3	0.5	0	0
MB3NA	3	0.5	0	20
MB3NG	3	0.5	0.5	0
MB3NGA	3	0.5	0.5	20

注：所有培养基均以 MS 培养基为基本培养基，并附加 30 g/L 蔗糖、0.7% 琼脂粉。所有培养基 pH 均为 5.8。

诱导生根培养基：以附加和不附加植物激素，组成 4 种不同的诱导生根培养基，即

RM1：1/2 MS

RM2：MS+0.2 mg/L NAA

RM3：MS+0.1 mg/L NAA

RM4：MS+0.2 mg/L IAA

油菜种子用 0.1% 氯化汞（$HgCl_2$）消毒 8 min，用无菌水冲洗 5～6 次，置于 MS 固体培养基上，23～25℃，16 h/8 h（日 / 夜）光照条件下发芽，制备成无菌苗。将 5～6 d 苗龄的无菌苗下胚轴切成 0.5～1 cm 的切段，将下胚轴切段分别置于表 2-2 所列的培养基上，诱导外植体在切口处形成愈伤组织和分化再生芽苗。下胚轴切段接种后，观察不同培养基上外植体开始形成愈伤组织的时间、外植体的出愈率、外植体分化芽苗总数以及外植体上分化正常苗数。实验设 3 次重复，每个处理接种的外植体数不少于 30 个。

2.1.2 培养基对下胚轴外植体愈伤组织形成的影响

下胚轴外植体接种到各种培养基上后，经过 1～2 d，大多数外植体开始在切

口处膨大，3～4 d时切口处开始出现愈伤组织。一周时外植体切口处形成大小不等的愈伤组织。愈伤组织开始出现时呈松散状，之后逐渐长成致密状。大约20 d后，在致密型愈伤组织上先出现绿色小芽点，继而发育成小芽苗。

在供试的18种培养基中，所有材料都能获得80%以上的出愈率。在MBNG、MBNGA、MB3N、MB3NG、MB3NGA等培养基上，所有材料都获得了100%的出愈率。在含有NAA的培养基上，不仅出愈率高，而且愈伤组织生长比较快，生长量也比较大，但是愈伤组织的致密性却较差。3个品种均表现出相同的趋势。

2.1.3 基因型、激素组合对下胚轴再生植株分化的影响

下胚轴外植体在各种培养基上被诱导出愈伤组织后，愈伤组织逐渐变得致密。不同培养基上不同品种的芽苗分化率见表2-3。

表2-3 不同品种、不同培养基再生植株分化率 单位：%

培养基	湘油14号	Y03-211	湘油15号
MB	7.30±2.34	2.22±2.22	5.03±2.52
MBA	21.33±0.27	9.05±2.14	21.37±1.91
MBG	23.64±2.01	15.56±5.88	11.83±2.82
MBGA	32.63±3.59	20.00±6.67	38.29±3.27
MB3	5.05±1.20	7.82±2.91	3.62±2.14
MB3A	14.53±3.19	16.24±1.97	22.29±1.46
MB3G	7.95±1.24	11.61±4.20	9.18±1.34
MB3GA	32.05±2.69	15.55±2.22	37.94±1.24
MN	0	0	0
MNA	0	0	0
MBN	10.77±1.11	6.67±3.85	0
MBNA	11.60±1.87	8.89±2.22	1.15±1.15
MBNG	4.72±1.09	0	0
MBNGA	11.92±2.12	6.67±3.85	3.97±3.97
MB3N	3.41±1.93	0	0
MB3NA	9.32±3.20	0	3.97±2.10
MB3NG	1.52±1.52	0	5.74±2.92
MB3NGA	10.23±3.38	13.33±3.85	6.62±0.93

由表 2-3 可知，不同品种再生植株分化的能力不同。在培养基成分相同时，3 个供试品种表现出不同的芽苗分化率，这说明基因型对芽苗分化具有重要影响，也就是存在基因型依赖性。整体来看，湘油 15 号再生能力较强，湘油 14 号次之，Y03-211 较差。湘油 14 号对培养基的适应性要比湘油 15 号强，但是湘油 14 号在供试培养基上再生苗的玻璃化要比湘油 15 号严重。除了培养基成分对玻璃苗的发生有较大影响外，不同品种在是否容易产生玻璃苗上表现出不同的趋势。3 个品种中玻璃苗发生最多的是湘油 14 号。分化出的玻璃苗表现为叶片水渍状，叶色是不正常的绿色，叶片发脆、易断，不能诱导生根。玻璃苗是无效的分化苗，在组织培养过程中应尽量减少其生成。

激素对下胚轴再生植株分化的影响主要表现为：

（1）6-BA 对油菜再生植株分化是必需的。3 个品种在无 6-BA 的 MN 和 MNA 培养基中，虽然都得到了 100% 的出愈率，但均未获得再生苗。这说明在油菜的组织培养中，6-BA 对芽苗再生是非常重要的。

（2）培养基中植物激素对外植体再生芽苗的分化有重要影响。在含有不同激素组合的培养基上，外植体再生芽苗的分化率均不同。在本实验中，最高正常芽苗分化率为 38.29%（湘油 15 号、MBGA 培养基）。培养基中 6-BA 和 GA3 的组合要优于 6-BA 和 NAA 的组合。添加 GA3 虽然能够提高再生植株分化率，但是也显著提高了再生植株中玻璃苗的比例。如湘油 15 号在 MB3A 培养基上，总分化率为 26.00%，其中正常苗分化率为 22.29%；而在 MB3GA 培养基上，总分化率为 56.51%，其中正常苗分化率为 37.94%。也就是说，添加 GA3 后，总分化率增加 30.51%，但是正常苗分化率却仅增加了 15.65%。

2.1.4 $AgNO_3$ 对下胚轴再生植株分化的影响

在培养基其他成分相同的条件下，添加 $AgNO_3$ 能够大幅度提高正常芽苗分化率。从表 2-4 中可以看出，几乎在所有的培养基中添加 $AgNO_3$ 都能够显著提高正常芽苗的分化率。其中，最为明显的是：湘油 15 号在 MBG 培养基上正常芽苗分化率为 11.83%，而在 MBGA 培养基上正常芽苗分化率为 38.29%，提高了 26.46%；湘油 14 号在 MB3G 培养基上正常芽苗分化率为 7.95%，而在 MB3GA 培养基上正常芽苗分化率为 32.05%，提高了 24.10%。可见，$AgNO_3$ 对再生苗分化率的贡献度因品种和培养基的不同而异。

表 2-4 $AgNO_3$对再生植株分化率的贡献度（分化率提高的百分数） 单位：%

培养基	湘油 14 号	Y03-211	湘油 15 号
MB	0	0	0
MBA	14.03	6.83	16.34
MBG	0	0	0
MBGA	8.99	4.44	26.46
MB3	0	0	0
MB3A	9.48	8.42	18.67
MB3G	0	0	0
MB3GA	24.10	3.94	28.76
MBN	0	0	0
MBNA	0.83	2.22	1.15
MBNG	0	0	0
MBNGA	7.20	6.67	3.97
MB3N	0	0	0
MB3NA	5.91	0	3.97
MB3NG	0	0	0
MB3NGA	8.71	13.33	0.88

注：因 MN 培养基和 MNA 培养基未获得再生苗，故此处未列出。

通过对 16 种含有 6-BA 培养基上的不同品种正常芽苗分化率进行比较发现，供试培养基中，MBGA（MS+2 mg/L 6-BA+0.5 mg/L GA3+20 μmol/L $AgNO_3$）培养基最有利于诱导再生植株分化，3 个供试品种的最高正常芽苗分化率（湘油 15 号为 38.29%、Y03-211 为 20.00%、湘油 14 号为 32.63%）均是在这种培养基上得到的。因此，将 MBGA 培养基作为农杆菌转化后再生植株分化的诱导培养基。3 个供试品种下胚轴外植体在 MBGA 培养基上再生植株分化情况见图 2-1。

图 2-1　下胚轴在 MBGA 培养基上高频率分化再生植株

2.1.5　下胚轴再生植株生根培养基的选择

油菜芽苗再生后，要经过诱导生根才能成为完整的再生植株。因此，生根培养基的诱导效果直接影响着转化后抗性芽苗发育成完整的再生植株的概率。一个高效率的生根培养基对提高转化效果十分重要。大约 3 cm 大小的油菜芽苗被移入生根培养基后，10 d 后开始有白色的根状突起出现，之后根状突起发育为不定根。大约经过 1 个月的生长，发育为生长良好的根系。表 2-5 列出了不同生根培养基诱导生根的效果。从表 2-5 中可以看出：①油菜生根用植物生长素 NAA 诱导比用 IAA 诱导或不用植物激素诱导效果好。②不同培养基生根效率不同。在所实验的 4 种培养基中，诱导油菜生根效果最好的培养基是 RM2，诱导生根率可以达到 90%。

表 2-5　不同生根培养基比较

培养基	培养基组成	接种苗数 / 个	生根苗数 / 个	生根率 /%
RM1	1/2 MS	20	11	55.0
RM2	MS+0.2 mg/L NAA	20	18	90.0
RM3	MS+0.1 mg/L NAA	20	16	80.0
RM4	MS+0.2 mg/L IAA	20	14	70.0

2.1.6　油菜高效再生体系的建立

油菜是双子叶植物，常规的基因转化方法是采用基于植物组织培养技术的农杆菌介导转化法。因此，建立高效的油菜组织培养技术体系是进行油菜基因转化的必要前提。油菜被业界认为是不易进行组织培养的植物物种之一，这是由于油菜组织培养过程中普遍存在外植体易褐化死亡、转化率低等问题，严重限制了油菜高效转化体系的建立。在另一个包括甘蓝型和芥菜型的 10 个油菜品种、12 种不同激素组合的培养基的诱导下胚轴再生植株分化研究中，通过对各处理过的芽苗分化率进行方差分析发现，激素、基因型、激素 × 基因型 3 个方差分量的 F 值均达极显著水平。这明确了组织培养中激素组合是影响植株再生的最重要因素，其次是基因型，且激素与基因型之间存在显著的互作效应。3 个因素对再生植株分化的贡献度排序为激素＞基因型＞激素 × 基因型[4]。

在油菜组织培养中，造成再生率低的另一个重要原因是外植体大量褐化死亡。因此，控制外植体在组织培养过程中出现的褐化现象，是提高再生率的关键因素。

2.1.7 油菜组织培养及基因转化中外植体褐化现象的精准控制

在油菜组织培养过程中，外植体切口的创伤使其体内的多酚氧化酶被激活，使细胞内的酚类物质氧化成棕褐色的醌类物质，这种褐化物不但会向外扩散，使培养基逐渐变成褐色，而且会抑制外植体体内其他酶的活性，影响外植体的脱分化和器官分化，严重时会导致外植体因严重褐化而死亡。

引起外植体褐化的原因比较复杂，基因型和环境条件都会引起外植体褐化。通过对 10 个油菜品种、12 种培养基进行的添加不同浓度抗氧化物以及 $AgNO_3$ 的实验，对影响褐化的主要因素进行了研究[4]。明确了向培养基中添加 20 μmol/L $AgNO_3$，可以有效地抑制外植体在培养时的褐化，显著提高芽苗分化率。植物在离体培养时会产生乙烯，尤其在密闭的容器中，经过积累，乙烯会达到一个较高的浓度，影响植物的生长发育。植物在受到胁迫（如机械损伤、病菌侵染等）时也会使其体内乙烯的含量增加，抑制生长素的运输，导致外植体褐化死亡和植株畸形发育。$AgNO_3$ 是乙烯的抑制剂，Ag^+ 可以通过竞争与细胞膜上的乙烯受体蛋白结合，阻止或降低乙烯的作用。向培养基中加入一定量的 $AgNO_3$ 可抑制乙烯的产生，有利于减少外植体的褐化，提高抗性芽苗的分化率。

外植体的褐化不仅出现在组织培养过程，还出现在基因转化过程。在基因转化中，外植体经过农杆菌侵染后会出现大量褐化死亡的现象。我们通过向分化培养基中添加不同浓度的 $AgNO_3$ 发现：在 0～30 μmol/L 范围内，随着 $AgNO_3$ 浓度的增加，芽苗分化率提高。但是，$AgNO_3$ 浓度超过 30 μmol/L 时，芽苗分化率降低，说明 $AgNO_3$ 过高和过低都不利于获得最高分化率。转化后诱导芽苗分化所需的 $AgNO_3$ 最佳浓度高于单纯诱导分化的最佳浓度，其原因是转化处理后的幼苗分化中需要更多的 Ag^+ 来防止由于农杆菌侵染和机械损伤的双重胁迫造成外植体内乙烯的大量增加。

2.2 甘蓝型油菜高效遗传转化体系的建立

2.2.1 实验材料及方法

2.2.1.1 实验材料

甘蓝型油菜（*Brassica napus* L.）：湘油 14 号、湘油 15 号、Y03-211。供试质粒为 pAM12-s1m，质粒图谱见图 2-2。其中，*aroA-M12* 编码突变的 EPSPS，赋予植物草甘膦抗性；*BtS1m* 编码苏云金杆菌毒蛋白，赋予植物对鳞翅目害虫的抗虫性。质粒 pAM12-s1m 的宿主菌为农杆菌菌株 LBA4404。

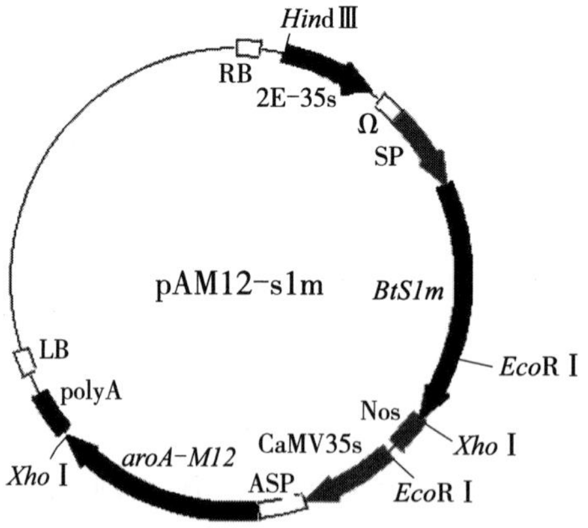

图 2-2 植物表达载体 pAM12-s1m 的结构[5]

2.2.1.2 抗生素储备液的配制

氨苄青霉素（Ampicillin，Amp）贮存液：1 000 mg/mL 溶于水，过滤除菌，-20℃

贮存，工作浓度为 100 μg/mL。

卡那霉素（Kanamycin，Kan）贮存液：50 mg/mL 溶于水，过滤除菌，−20℃贮存，工作浓度为 50 μg/mL。

链霉素（Streptomycin，Str）贮存液：100 mg/mL 溶于水，过滤除菌，−20℃贮存，工作浓度为 100 μg/mL。

头孢霉素（Cefotaxime sodium，Cef）贮存液：100 mg/mL 溶于水，过滤除菌，−20℃贮存，工作浓度为 300 mg/L。

2.2.1.3　农杆菌侵染液制备

从含有供体基因的农杆菌储备平板上挑取单个菌落，接种于加有 50 mg/L 卡那霉素、100 mg/L 链霉素的 YEB 液体培养基中，28℃，200 r/min 振荡过夜培养。第二天按 1% 接菌量转接，继续培养，待生长到 OD_{600} 为 0.4 时用于转化。

2.2.1.4　农杆菌转化的一般程序

将 5～6 d 苗龄的无菌苗下胚轴切成 0.5～1.0 cm 的切段或带 0.3 cm 左右子叶柄的子叶，置于表 2-6 所示 PCM 培养基上进行 2～3 d 的预培养，然后用 OD_{600} 为 0.4 的菌液进行侵染，时间为 5 min，用无菌滤纸吸干外植体上多余的菌液。将外植体放置在 CM 培养基上进行共培养，之后将外植体放入 REAM 培养基，诱导愈伤组织和芽苗分化。外植体分化出小芽后，移入 GM 培养基使小芽继续生长。待分化出的小芽苗长到 3 cm 左右时，将小芽苗从外植体上切下，放入 RM 培养基诱导生根。

表 2-6　油菜外植体共培养及芽苗再生培养基

培养基	组成	用途
PCM	MS+1 mg/L 6-BA+1 mg/L 2,4-D	转化前预培养
CM	MS+2 mg/L 6-BA	与农杆菌共培养
REAM	MS+2 mg/L 6-BA+0.5 mg/L GA3+10～40 μmol/L $AgNO_3$+8 mg/L 草甘膦 +300 mg/L Cef	诱导外植体愈伤组织和芽苗分化
GM	MS+1 mg/L 6-BA +8 mg/L 草甘膦 +300 mg/L Cef	外植体再生芽生长

在农杆菌转化过程中，外植体预培养时间、培养基中 $AgNO_3$ 浓度、农杆菌侵染时的菌液浓度等都对转化效率有显著影响。根据实验室的条件分不同处理对农杆

菌转化的条件进行优化。①预培养时间：将下胚轴或子叶外植体，在 PCM 培养基上分别进行 0 d、1 d、2 d、3 d、4 d 的预培养。②农杆菌转化菌液浓度：将预培养过的下胚轴和子叶外植体，分别用 OD_{600} 为 0.2、0.4、0.6、0.8、1.0 的菌液侵染 5 min。③诱导培养基中添加 $AgNO_3$ 的浓度：将转化过的外植体分别放在 $AgNO_3$ 浓度为 0 μmol/L、10 μmol/L、20 μmol/L、30 μmol/L、40 μmol/L 的 REAM 培养基上诱导愈伤组织和芽苗分化。④共培养基 pH：将感染过的下胚轴或子叶外植体，分别置于 pH 为 5.0、5.2、5.4、5.8 的共培养基上进行 2 d 的共培养。之后，按照上述转化程序进行转化。转化后 40 d，统计不同处理条件下外植体的出愈率和抗性芽苗分化率。

2.2.2 预培养增加抗性芽苗分化率

油菜外植体经农杆菌侵染以及共培养后，常在外植体尤其是下胚轴切口处出现褐化，并逐渐向外植体的中间延伸，严重时会导致外植体死亡。外植体褐化后既不利于转化细胞的生长、分化，也不利于诱导产生转化植株，严重影响转化后抗性植株的再生。同样条件下，子叶外植体感染后的褐化程度要比下胚轴轻。外植体在没有经过预培养时，农杆菌感染后 1～2 d 就在切口处开始发褐，并逐渐变黑。仅有很少一部分外植体可以诱导出愈伤组织，但没有抗性苗分化。而经过预培养后，外植体的生理状态明显改善，随着预培养时间的加长，褐化出现的时间延迟，褐化的程度也逐渐减轻，出愈率和分化率都得到提高。不同预培养时间下外植体愈伤组织生长和抗性芽苗分化情况见图 2-3、图 2-4A。从图 2-4A 中可以看出，预培养对于高效率的转化非常重要，而且预培养有一个最佳时间。预培养 3 d 时，无论是子叶还是下胚轴，抗性芽苗的平均分化率均达到最大，分别为 24.94% 和 21.78%。外植体预培养时间过长（≥4 d）时，虽然外植体的褐化发生程度很轻，但是过长时间的预培养使外植体切口处出现愈伤化，不利于农杆菌对植物细胞的侵染，因而抗性芽苗的分化率降低。因此，外植体在农杆菌侵染前进行 3 d 预培养有利于获得较高的转化效率。

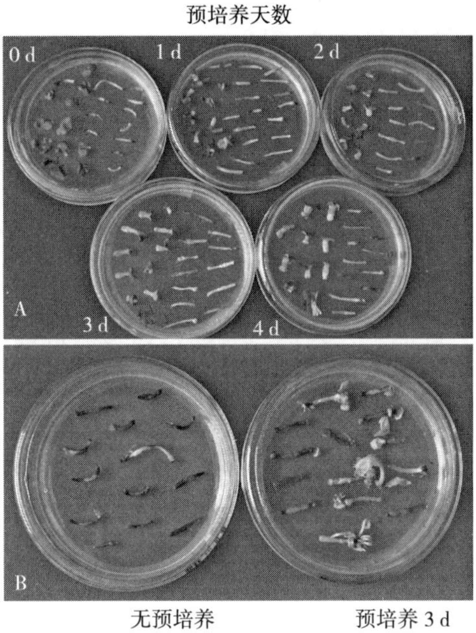

图 2-3 预培养对外植体愈伤生长（A）和抗性苗分化（B）的影响

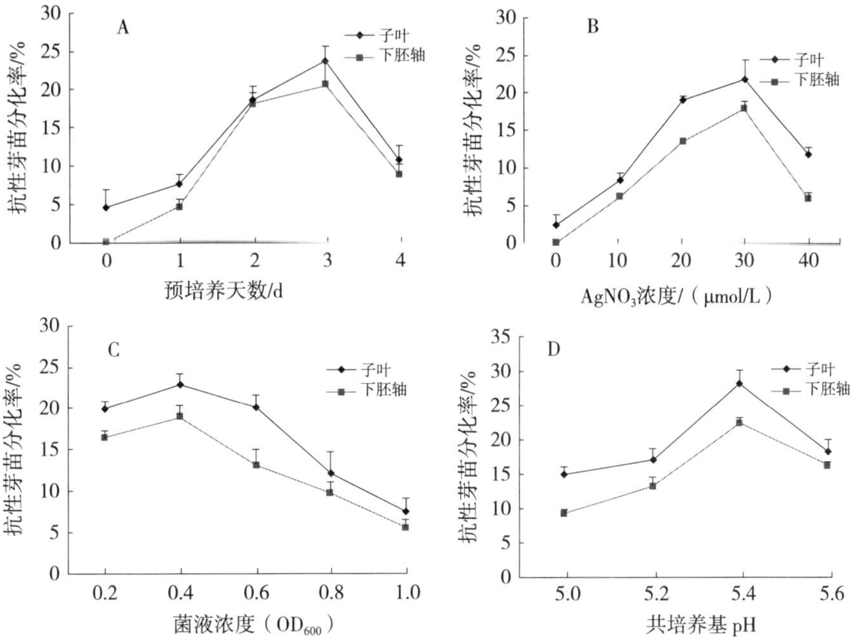

A—不同预培养时间对抗性芽苗分化的影响；B—不同 $AgNO_3$ 浓度对抗性芽苗分化的影响；C—不同农杆菌侵染浓度对抗性芽苗分化的影响；D—不同共培养基 pH 对抗性芽苗分化的影响。

图 2-4 不同因素对抗性芽苗分化的影响

2.2.3 $AgNO_3$ 可提高抗性芽苗分化率

植物在离体培养时会产生乙烯，尤其是在密闭的容器中，乙烯会经过积累达到一个较高的浓度，影响植物的生长发育。$AgNO_3$ 是乙烯的抑制剂，向培养基中加入一定量的 $AgNO_3$ 可抑制乙烯的产生，有利于控制外植体的褐化，提高抗性芽苗的分化率。向培养基中附加一定量的 $AgNO_3$（0～30 μmol/L）后，外植体的褐化明显减轻，出愈率明显增加，抗性芽苗的分化率明显增加（图 2-4B）。在 0～30 μmol/L 范围内，随着 $AgNO_3$ 浓度的增加，芽苗分化率提高。但是当 $AgNO_3$ 浓度超过 30 μmol/L 时，芽苗分化率会降低。在基因转化中，$AgNO_3$ 的最佳使用浓度为 30 μmol/L，此时，添加 $AgNO_3$ 的处理与不添加 $AgNO_3$ 的处理相比，子叶和下胚轴的抗性芽苗分化率分别提高 19.34% 和 17.96%。

2.2.4 菌液浓度影响抗性芽苗的分化

在农杆菌介导法转化中，用于农杆菌侵染的菌液浓度及侵染时间都会对转化效率产生影响。在农杆菌侵染时间为 5 min 时，用不同浓度的农杆菌菌液转化后，抗性芽苗的分化率见图 2-4 C。侵染时间为 5 min 时，较低的菌液浓度有利于减轻外植体的褐化现象。随着农杆菌菌液浓度的升高，外植体感染后的褐化程度明显加重。当菌液浓度 OD_{600} 达到 1.0 时，褐化程度最重，许多外植体出现严重褐化甚至发黑现象，外植体切口处细胞大量死亡，不能诱导出愈伤组织和分化出再生植株，子叶外植体的抗性芽苗分化率比菌液浓度 OD_{600} 达到 0.4 时下降 15.38%，下胚轴外植体的抗性芽苗分化率比菌液浓度 OD_{600} 达到 0.4 时下降 13.39%。用农杆菌介导法进行转化时，过高和过低的菌液浓度都不利于获得高转化效率。菌液浓度过高，外植体被过度侵染，外植体的生活力下降，影响转化后细胞产生愈伤组织和分化再生植株；菌液浓度过低，农杆菌侵染的数量较少，不足以产生高转化率。无论子叶还是下胚轴，芽苗的最大分化率均是在农杆菌侵染浓度 OD_{600} 等于 0.4 时得到的，此时子叶和下胚轴的分化率分别为 23.00% 和 18.95%。当菌液浓度 OD_{600} 大于或等于 0.4 时，菌液浓度与抗性芽苗分化率呈负相关，随着菌液浓度的升高，抗性芽苗的分化率迅速下降。

2.2.5 共培养基 pH 影响抗性芽苗的分化

在农杆菌介导的植物基因转化中，农杆菌要与外植体进行一段时间的共培养，以便农杆菌在外植体上附着、侵染以及 T-DNA 的切割和向植物细胞的转移。在农杆菌与外植体进行共培养时，共培养基 pH 要同时满足外植体和农杆菌生长的需要。由于植物组织培养和细菌生长所需要的环境 pH 并不相同，因此，共培养时共培养基 pH 对农杆菌的高效转化也会产生较大影响。共培养基 pH5.4 时，抗性芽苗的分化率最高。共培养基 pH5.0 和 pH5.2 时，有利于农杆菌的生长，外植体褐化情况比较严重。共培养基 pH5.4 时，外植体上愈伤组织的生长状态优于其他 3 种培养基上愈伤组织的生长状态，愈伤组织致密性较好，子叶和下胚轴外植体抗性芽苗分化率分别比共培养基 pH5.6 时高 9.97% 和 6.18%（图 2-4D）。

2.3 甘蓝型油菜草甘膦转基因筛选体系的建立

2.3.1 实验材料

甘蓝型油菜（*Brassica napus* L.）：湘油 14 号。供体为含有编码草甘膦抗性基因（*aroA-M1*）的 pGRA 1300 质粒，其物理图谱见图 2-5。

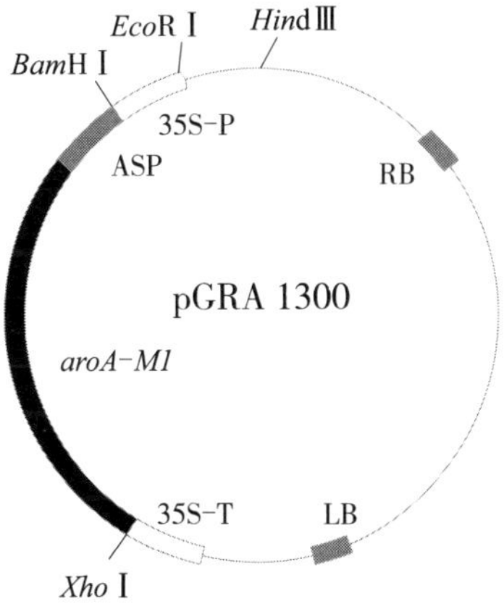

图 2-5 植物表达载体 pGRA 1300 物理图谱

（*aroA-M1* 编码突变的 EPSPS 蛋白，抗草甘膦）

2.3.2 实验方法

2.3.2.1 油菜遗传转化中的主要培养基

油菜遗传转化各阶段培养基见表 2-7。

表 2-7 油菜遗传转化主要阶段使用的培养基

培养基	组成	用途
PCM	MS+1 mg/L 6-BA+1 mg/L 2,4-D	转化前预培养
CM	MS+2 mg/L 6-BA	与农杆菌共培养
REAM	MS+2 mg/L 6-BA+0.5 mg/L GA3+30 μmol/L $AgNO_3$+10 mg/L 草甘膦 +300 mg/L Cef	诱导外植体愈伤组织和芽苗分化
GM	MS+1 mg/L 6-BA+8 mg/L 草甘膦 +300 mg/L Cef	外植体再生芽生长
RM	MS+0.2 mg/L NAA+5 mg/L 草甘膦 +300 mg/L Cef	诱导再生芽生根

2.3.2.2 油菜不同发育阶段对草甘膦耐受性的检测方法

在以草甘膦为筛选剂时，合适的筛选压对植物基因转化非常重要。筛选压过高，不易得到转化体；筛选压过低，会产生假转化体，起不到筛选的作用。植物不同器官和部位对于胁迫的忍耐性不同，为此，对不同外植体的草甘膦耐受性进行了测定，确定了不同筛选方式下适宜的筛选压。

（1）再生植株分化过程的筛选方法

①下胚轴外植体的芽苗分化阶段

以湘油 14 号下胚轴为外植体，对草甘膦的敏感性进行了实验。结果表明，当草甘膦浓度为 2.5～5.0 mg/L 时，下胚轴外植体的芽苗分化受到明显抑制作用；当草甘膦浓度增加到 7.5 mg/L 时，下胚轴外植体的芽苗分化受到完全抑制作用。因此，以下胚轴为外植体时，草甘膦的筛选压为 8.0 mg/L 以上。

②芽苗生根

将大小约为 3 cm 的湘油 14 号再生芽苗接种到含不同浓度草甘膦的培养基上，诱导芽苗生根。结果表明，培养基中附加 5.0 mg/L 草甘膦为最适宜的生根筛选压。

（2）植株生长阶段

对于整株的筛选，在油菜小苗长到有6～7片叶时或者生长到株高为20～30 cm时，用0.2%的除草剂Roundup® 对植株进行喷洒，共喷洒2次，中间间隔1周。第2次喷洒7 d时观察植株受害情况。按照以下抗性标准对转基因植株进行抗性评价。

高抗（H）：整个植株叶片均为正常绿色，叶片挺拔。叶面上没有或仅有个别黄色斑块，植株生长发育未受到影响。

中抗（M）：植株上绝大多数叶片为正常绿色，但是出现轻微下披。植株生长速度减慢，少数叶片出现黄色斑块。

低抗（L）：植株上部分叶片发黄、萎蔫，出现明显的受害症状。植株生长发育受到影响，但经过一段时间后仍能恢复生长，表现出明显的耐性。

对于离体叶片抗性检测[6]，在油菜生长期，取相同叶期转基因和野生型植株幼嫩叶片，分别置于培养皿，用0、10 mg/L、30 mg/L、50 mg/L、100 mg/L不同浓度梯度的草甘膦涂抹叶片，叶柄用湿棉球包裹以保持叶片湿度，1周后观察叶片受损伤情况。

种子经过消毒，接种在含不同浓度草甘膦的MS培养基上，第12 d时，记录侧根的伸长程度，观察草甘膦对生根的抑制情况，以侧根能否伸长为依据，确定适宜的草甘膦筛选浓度。

2.3.2.3 转基因植株分子检测方法

T_0代植株及转基因后代均在生长到有5～6片叶时，取幼嫩叶片，用CTAB法提取油菜叶片总DNA[7]。

根据*aroA-M1*基因的特异序列，以5′-CATGCCATGGAATCCCTGACGTTACAA-3′和5′-CGCGGATCCTTAGCAGGCTACTCATTC-3′为特异引物，以转基因植株和野生型植株总DNA为模板，特异扩增*aroA-M1*基因片段。对于聚合酶链式反应（PCR）检测后的阳性株，按照Clark（1997）等Southern blot、Western blot等杂交方法进行转基因后代分子检测[8]，根据杂交结果分析外源基因在油菜基因组中的整合和表达情况。

2.3.2.4 转基因后代遗传分析方法

将野生型油菜种子消毒后，分别接种在含不同浓度草甘膦的 MS 培养基上，12 d 左右时，记录侧根的伸长程度，观察草甘膦对生根的抑制情况[9]，以侧根能否伸长为依据，确定适宜的草甘膦筛选浓度。然后将 T_0 代抗性植株自交后获得的 T_1 代油菜种子接种到含有草甘膦筛选压的培养基中，15 d 左右时统计 T_1 代幼苗抗性分离情况。对统计结果进行卡平方测验，检验分析结果是否符合孟德尔遗传规律。

2.3.3 *aroA-M1* 基因作为选择标记基因的可行性

一种筛选剂是否可以作为合适的选择标记，除了要确定适合的筛选压外，重要的是能否获得明确、可靠的筛选效果。

2.3.3.1 下胚轴外植体的筛选效果

在含有不同浓度的草甘膦培养基上，转化体和野生型外植体的芽苗分化情况如下。

野生型下胚轴外植体：在不含有草甘膦的培养基上，下胚轴外植体芽苗的平均分化率为 30.39%；在含有 5 mg/L 草甘膦的培养基上，芽苗平均分化率仅为 9.22%，生长受到一定的抑制；当培养基中草甘膦浓度≥10 mg/L 时，外植体上的芽苗分化完全受到抑制（图 2-6）。因此，选择以 10 mg/L 草甘膦作为下胚轴外植体诱导芽苗分化的筛选压。

转化后下胚轴外植体：当培养基中草甘膦浓度为 0～5 mg/L 时，下胚轴外植体上的芽苗分化基本没有受到影响；培养基中草甘膦浓度为 0 mg/L 和 5 mg/L 时，芽苗分化率基本相同。当培养基中草甘膦浓度为 10 mg/L 或 10 mg/L 以上时，仅有转化过的细胞能够诱导分化出再生芽。

培养基中草甘膦浓度分别为 10 mg/L、20 mg/L、30 mg/L 时，外植体的抗性芽再生率相差不大，平均分化率分别为 20.39%、14.18%、13.93%。这说明该草甘膦抗性基因具有赋予植物草甘膦抗性的作用。同时也说明在油菜的基因转化中，以草甘膦作为筛选剂是可行的，并且以 10 mg/L 草甘膦作为筛选剂可得到较好的筛选效果。

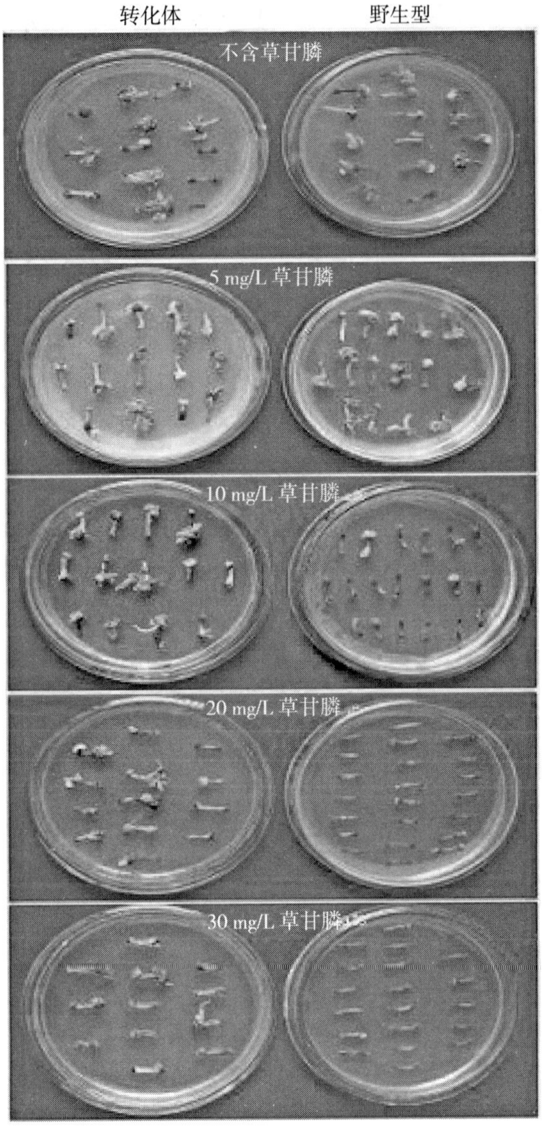

图 2-6　转化后和野生型下胚轴外植体在不同浓度草甘膦培养基上诱导愈伤组织和再生植株分化情况

2.3.3.2　抗草甘膦转基因植株的获得

对湘油 14 号油菜下胚轴外植体进行转化。转化后的外植体在加有筛选压的诱导培养基上经过 40 d 左右的培养，得到了 86 个抗性苗，在生根培养基中有 80 个抗性苗生根，移入温室后成活 72 株（图 2-7）。

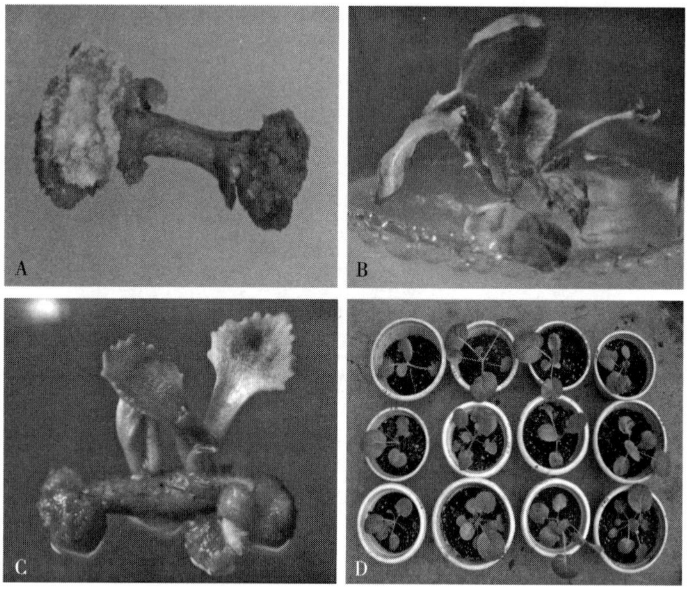

A—转化后的下胚轴外植体在 DAM 培养基上诱导出愈伤组织；
B—从下胚轴上再生出抗性小芽；C—抗性苗在培养基上生根；D—抗性苗移入温室。

图 2-7　湘油 14 号油菜下胚轴外植体抗草甘膦基因转化植株再生过程

2.3.3.3　拟转基因植株草甘膦抗性鉴定

对 72 株从培养基中筛选得到的拟转基因抗性植株进行了离体叶片草甘膦抗性鉴定，结果表明，不同的拟转基因植株对草甘膦的抗性有差异，部分拟转基因植株表现出较高的抗性。从 72 个植株中得到 20 个抗性较高的植株（图 2-8A），这些植株的离体叶片在涂抹 100 mg/L 草甘膦后，能够保持正常的绿色，一直到涂抹后的第 7 d。而野生型植株的叶片在涂抹后的第 3 天就发黄。用不同浓度草甘膦涂抹叶片时发现，到涂抹后的第 7 d，拟转基因植株中抗性较高的植株叶片在 100 mg/L 草甘膦中仍能保持正常的绿色，而野生型叶片则只能忍耐 10 mg/L 的草甘膦处理。

对选出的 20 个抗性较高的植株进一步进行了植株喷洒鉴定，当以 0.2% Roundup®（相当于 0.8 g/L Roundup®）喷洒第 1 次后，野生型植株逐渐萎蔫死亡，而拟转基因植株生长基本没有受到影响。第 2 次喷洒后，拟转基因植株仍全部存活。虽然大部分植株的生长会受到一定影响，但会逐渐恢复，表现出不同程度的抗性（图 2-8B）。拟转基因植株 BnA-46、BnA-53、BnA-69 表现出对草甘膦的不同抗性，其中 BnA-46 为高抗植株，喷洒 2 次后，植株仍然茁壮生长；BnA-53 为中抗植株，喷洒 2 次后，植株生长受到轻微影响；而 BnA-69 为低抗植株，喷洒 2 次后，植株生长受到较大的影响。

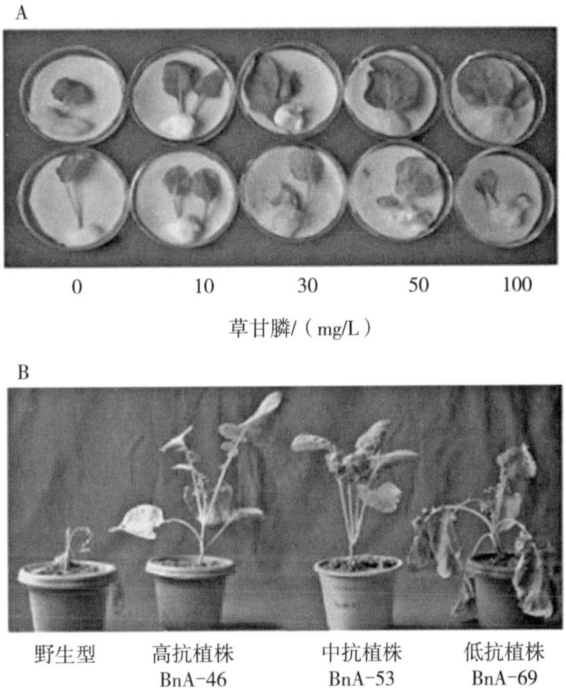

A—离体叶片在不同草甘膦浓度下的抗性鉴定，上为转基因植株 BnA-46，下为野生型植株，照片摄于草甘膦处理后的第 7 d；B—植株喷洒草甘膦实验（0.8 g/L）。

图 2-8 拟转基因植株抗草甘膦鉴定

2.3.3.4 拟转基因植株 Southern blot 分析

从上述抗草甘膦的拟转基因植株中随机选出 8 个提取基因组 DNA，以 *aroA-M1* 基因特异性引物（扩增片段长度为 1296 bp）

M1-F（上游引物）：5′-GAGCCATGGATGGAATCCCTGACGTTACAACC-3′

M1-R（下游引物）：5′-CTACTCGAGCGCGGATCCTTAGGCAGGCGTAC-3′

进行 PCR 扩增，阳性株再进行 Southern blot 杂交。结果显示被检测植株全部为阳性。拟转基因植株中多数为单拷贝插入（图 2-9）。

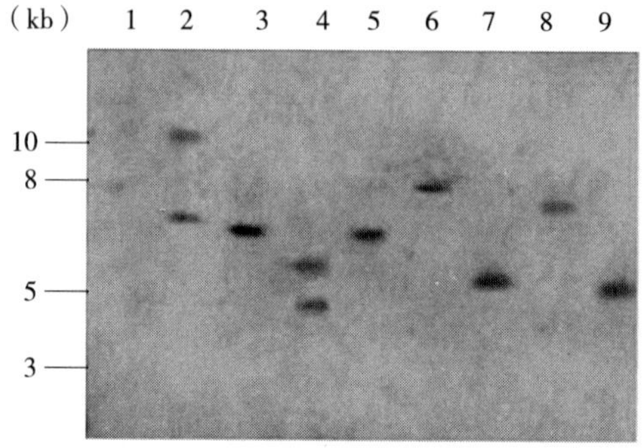

1—野生型；2～9—BnA-3、BnA-15、BnA-22、BnA-29、BnA-39、BnA-46、BnA-53 和 BnA-69。

图 2-9　T_0 代抗草甘膦拟转基因植株 Southern blot 杂交结果

2.3.3.5　拟转基因植株 Western blot 分析

对上述 8 个植株进一步进行了 Western blot 杂交（图 2-10）。结果显示被检测植株全部为阳性。这说明拟转基因植株的草甘膦抗性来自通过农杆菌介导转入的 *aroA-M1* 基因在转化植株中的正确表达。

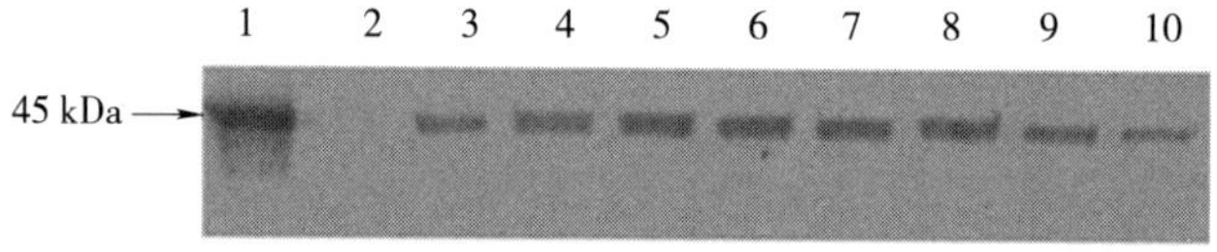

1—细菌 EPSPS；2—野生型；3～10—BnA-3、BnA-15、BnA-22、BnA-29、BnA-39、BnA-46、BnA-53 和 BnA-69。

图 2-10　T_0 代抗草甘膦拟转基因植株 Western blot 杂交结果

2.3.4　*aroA-M1* 基因在转基因油菜中的遗传与表达

将野生型油菜种子接种在含不同浓度草甘膦的 MS 培养基上，使其发芽，10 d 后得到表 2-8 的实验结果。由表 2-8 可知，油菜种子在含有 10 mg/L 草甘膦的培养基上萌发时，侧根的发育受到严重影响，主根的生长也受到了影响，幼苗的生长明显受到影响。当草甘膦的浓度增加到 20 mg/L 时，侧根完全不能生长，主根的生长受到严重抑制，幼苗变得矮小。当草甘膦的浓度增加到 30 mg/L 时，主根也仅有萌发时的一点生长，幼苗变得非常矮小。当草甘膦的浓度增加到 40 mg/L 和 50 mg/L

时，种子根只是刚萌发时的状态，下胚轴没有伸长，生长势变得很差。因此，将30 mg/L草甘膦作为种子萌发筛选压。

表2-8　种子萌发对草甘膦的敏感性实验

草甘膦浓度 /（mg/L）	主根生长	侧根发育	幼苗生长势
0	++++	++++	++++
10	++	+	+++
20	+	−	++
30	+	−	+
40	−	−	+
50	−	−	−

注：+表示生长势的强弱，+越多，生长势越强；−表示没有生长。

将从上述8个经过分子检测的植株上得到的T_1代种子，置于含有30 mg/L草甘膦的MS培养基上，使其发芽，10 d后结果见表2-9和图2-11B。由表2-9可知，转基因植株后代的遗传表现符合孟德尔遗传规律。

表2-9　T_1代幼苗草甘膦抗性遗传分析

T_1株系	检测苗数		分离比	χ^2
	抗性苗	敏感苗	抗性：敏感	
BnA-3	58	5	11.6：1	0.086*
BnA-15	53	19	2.8：1	0.019*
BnA-22	61	5	12.2：1	0.036*
BnA-29	33	9	3.7：1	0.127*
BnA-39	25	8	3.1：1	0.010*
BnA-46	40	16	2.5：1	0.214*
BnA-53	36	10	3.6：1	0.116*
BnA-69	39	11	3.5：1	0.107*

注：*显著水平为$p \leq 0.05$时，差异不显著，即符合孟德尔遗传规律，后同。

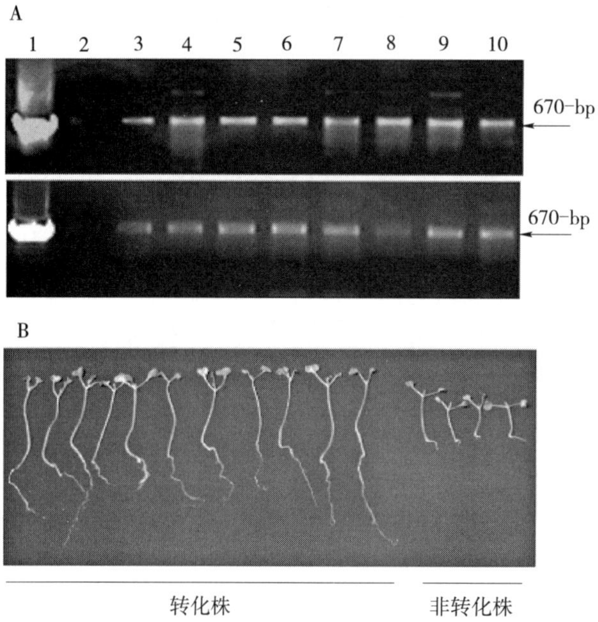

A—PCR 分析（上）和 RT-PCR 分析（下），泳道 1 为质粒 pGRA 1300；泳道 2 为野生型；泳道 3～10 分别为转基因植株 BnA-3、BnA-15、BnA-22、BnA-29、BnA-39、BnA-46、BnA-53 和 BnA-69。B—转基因后代在含 30 mg/L 草甘膦的 MS 培养基上生长的幼苗，表示转化株和非转化株分离情况。

图 2-11　T_1 代植株遗传表达分析

2.3.5　草甘膦抗性基因作为选择标记的优势

在植物基因转化中用草甘膦抗性基因作为选择标记，可以简化繁杂的再生植株筛选鉴定过程，即首先使用草甘膦进行叶片抗性和植株抗性筛选，对筛选出的高抗性植株进行分子检测。这样大大减少了对一些最终不需要的转基因植株的分子检测工作量。由于进行植物基因转化工作的目的是选到表达良好的转化体，因此要首先进行生物抗性筛选，淘汰大量表达差或假转化体，然后用分子检测方法进行验证，大大提高分子检测的阳性率，这有利于快速、准确地得到转基因目的植株。同时，草甘膦抗性又是一个符合生产需要的性状，因此以草甘膦作为筛选剂不仅实用，而且有利于培育转基因材料。

参考文献

[1] 于恒秀，陆美芳，陈秀花，等 . 不同转化方法培育无抗性选择标记转基因水稻效率的比较 [J]. 中国水稻科学，2009，3(2): 120–126.

[2] He M, Yang Z, Nie Y, et al. A new type of class I bacterial 5–enopyruvylshikimate–3–phosphate synthase mutants with enhanced tolaerance to glyphosate[J]. Biochimica et Biophysica Acta, 2001, 1568(1): 1–6.

[3] Murashige T, Skoog F. A revised medium for growth and bioassays with tobacco tissue cultures[J]. Physiologia Plantarum, 1962, 15: 473–497.

[4] 王景雪，孙毅，崔贵梅，等 . 在油菜组织培养中激素及基因型对下胚轴分化的影响 [J]. 中国油料作物学报，2000，22(1): 11–18.

[5] 谢龙旭，徐培林，聂燕芳，等 . 抗草甘膦抗虫植物表达载体的构建及其转基因烟草的分析 [J]. 生物工程学报，2003，19(5): 545–549.

[6] Yuan C I, Chaing M Y, Chen Y M. Triple mechanisms of glyphosate–resistance in a naturally occurring glyphosate–resistant plant *Dicliptera chinensis*[J]. Plant Science, 2002, 163(3): 543–554.

[7] Wang J X, Zhao F Y, Xu P. Use of *aroA–M1* as a selectable marker for Brassica napus transformation[J]. Crop Science, 2006, 46: 706–711.

[8] Clark, Melody S. Plant molecular biology—a laboratory manual genomic DNA isolation, southern blotting and hybridization[M]. Berlin: Springer Verlag, 1997.

[9] Pline W A, Wilcut J W, Edmisten K L, et al. Physiological and morphological response of glyphosate–resistant and non–glyphosate–resistant cotton seedlings to root–absorbed glyphosate[J]. Pesticide Biochemistry & Physiology, 2002, 73(1): 48–58.

3 油菜抗虫、抗除草剂优良种质资源的研制

虫害是影响油菜产量的重要因素，油菜常年因虫害导致的减产达 10% 左右。虫害不仅会造成农作物减产，还会使农产品品质下降。编码苏云金杆菌毒蛋白（Bt toxic protein）的 Bt 基因是迄今为止发现的一类最有效的杀虫基因。Bt 毒蛋白是苏云金杆菌在芽孢形成过程中产生的蛋白质，通常以结晶方式出现，因此也被称为伴孢晶体，因其具有特异性的杀虫活性，也被称为杀虫结晶蛋白（Insecticidal Crystal Protein，ICP）。Bt 毒蛋白在伴孢晶体内是以原毒素（protoxin）的形式存在的，当被昆虫摄食之后，在昆虫幼虫中肠碱性和还原性的环境下，被蛋白酶降解成 65～75 kDa 的活性小肽，并和中肠纹缘膜上的特异受体结合。肠道内的 Bt 毒蛋白经蛋白酶水解，转变为较小的、有毒性的多肽分子，它可以与敏感昆虫中肠道上皮细胞表面的受体相互作用，诱导细胞膜产生一些非特异性小孔，破坏细胞膜周质和中膜体之间的离子平衡，引起细胞肿胀甚至裂解，从而导致昆虫瘫痪或死亡[1-3]。1987 年 Vaeck 等首次报道 Bt 抗虫转基因植物以来[4]，Bt 毒蛋白基因已经成为最重要的抗虫基因，广泛地应用于包括油菜在内的许多作物的抗虫研究[5-8]。第一代 Bt 转基因植物中，Bt 毒蛋白的表达量过低，影响转基因植物的抗虫效果。因此，许多学者对 Bt 基因进行了修饰改造[8]，以增强 Bt 毒蛋白在转基因植物中的表达效果。田颖川等用化学合成法和分子生物学技术合成了 *cry I A*(*c*) 基因编码杀虫蛋白中决定杀虫活性的第 29～613 氨基酸部分的 1 755 bp DNA[9]。合成中改变了多处 AT 富集区和可能引起该基因转录提前终止或引起 mRNA 不稳定的序列，使新合成的基因中 52% 的氨基酸密码子改变为植物偏爱密码子，将该基因转化成烟草后，获得的转基因植株抗虫性已大幅提高。

转基因作物商业化应用以来，编码苏云金杆菌毒蛋白的 Bt 基因是应用效果最为显著的抗虫基因，在世界各地广泛应用。由于 Bt 抗虫基因的应用，抗虫转基因作物在抵御农作物病虫害方面取得了令人瞩目的进展。然而生产上长期使用单一抗原的品种，会使昆虫产生抗性，从而促使抗病品种快速丧失抗性，给农业生产带来

严重损失。因此，开发非 Bt 抗性的抗虫基因对于作物虫害的控制具有重要意义。

目前，已报道的有抗虫功能的基因有蝎毒基因、几丁质酶（chitinase）基因和蛋白酶抑制剂基因等。蝎毒素是一种富含生物活性的多肽物质，储存于蝎子尾部的毒囊。蝎毒中有一类神经毒素对昆虫有专一性麻痹致死作用。由于这类毒素专一地作用于昆虫而对哺乳动物无害或毒性很小，因此在抗虫育种中具有广阔的前景。来源于东亚钳蝎的 Bmk IT 昆虫特异神经毒素，就是这样一类小分子肽[10]。几丁质是许多昆虫体壁和肠壁的组成成分。昆虫特异的几丁质酶可以水解昆虫体壁的几丁质，从而影响昆虫的发育[11]。将蝎毒和几丁质酶两种抗虫蛋白通过分子克隆构建成双价抗虫基因载体（pBI101-Bmk-chi）[12]，通过转基因的方法转入作物，使两种抗虫蛋白同时在作物中表达。通过几丁质酶的作用，破坏昆虫消化道和外表皮，抑制昆虫发育，同时蝎昆虫特异神经毒素作用于神经系统，通过两种蛋白的协同作用，可以有效地抵御农业害虫。同时表达两种抗虫蛋白，还可以提高杀虫效率，拓宽杀虫谱。

我国是油菜生产大国，油菜的种植面积和总产量都居世界之首。油菜田杂草种类较多，对油菜的生产危害较大。生产中 50%～90% 的油菜田会发生草害，会造成 15%～20% 的减产[13]。杂草不仅严重影响油菜籽的产量，而且会造成油菜籽品质的严重下降。杂草不仅和作物争光、争肥，还是许多农业害虫的寄主，传播病虫害。传统的人工除草费时、费工，极不经济。以 2,4-D 为代表的化学除草剂的大面积使用，使杂草防除的农业投入大大减少。草甘膦是全世界使用最广泛的除草剂之一，能够特异性地抑制植物体内芳香族氨基酸合成途径中的关键酶——EPSPS 的活性，是一种高效、广谱、低毒或无毒、低成本的非选择性除草剂[14-15]。草甘膦在除杂草时，也会杀灭作物，因此草甘膦不能在生长着作物的农田中使用。利用分子生物学技术克隆对草甘膦具有抗性的基因，并将其转入油菜品种，选育对草甘膦具有抗性的油菜新品种，将扩大现有除草剂的应用范围，是当前解决油菜田杂草防除的一个经济、有效途径。

EPSPS 是植物芳香族氨基酸合成的关键酶，也是草甘膦作用的靶标酶。*aroA* 基因中单个核苷酸的变化能够引起突变株对草甘膦的抗性[16]。在植物细胞中，EPSPS 的编码基因存在于细胞核，但成熟蛋白位于叶绿体内。信号肽位于 EPSPS 前体的 N 端，引导其进入叶绿体基质后被水解，前体蛋白成为成熟的 EPSPS。由于信号肽对于 EPSPS 在叶绿体中的正确定位是必需的，EPSPS 也只有在叶绿体中与其他莽草酸途径的成员酶共同作用才能合成芳香族氨基酸，因此，在植物细胞中表达有生物活性的细菌来源的 EPSPS，在基因的 5′ 端添加适当的信号肽是必不可少的。*aroA-M1* 和 *aroA-M12* 是两个来自细菌对草甘膦具有高抗性的突变体[17-18]。*aroA-M1* 基因所表达的 EPSPS 在细菌中 Ki 值比野生型大肠杆菌的 EPSPS 高了 4 倍。将 *aroA-M1* 突变基因用农杆菌转化法导入烟草，转基因植株对草甘膦表现出高抗性。

以几丁质酶基因和蝎毒基因构建双价抗虫基因，以草甘膦抗性基因 *aroA-M12* 和 *BtS1m* 抗虫基因构建抗虫抗草甘膦“双抗”载体，利用农杆菌介导法将它们分别导入油菜优良品种，研制抗虫、抗草甘膦“双抗”油菜新资源材料以及新型抗虫资源材料，对于进一步选育抗虫，以及复合抗虫、抗草甘膦新品种具有重要意义。

3.1 油菜双价抗虫新种质资源的研制

3.1.1 材料和方法

3.1.1.1 实验材料

实验材料为甘蓝型油菜晋油 4 号。转化基因载体为含有编码几丁质酶和蝎毒蛋白双价抗虫基因的双元载体 pBI101-Bmk-chi[12]（图 3-1）。宿主菌为 LBA 4404。

人工饲养的 2 龄小菜蛾幼虫（DBM），由中国农业科学院作物科学研究所提供。

3.1.1.2 农杆菌介导转化方法

油菜种子用 0.1% $HgCl_2$ 消毒 8 min，用无菌水冲洗 5～6 次，置于 MS 固体培养基上，23～25℃，16 h/8 h（日 / 夜）光照条件下发芽，制备成无菌苗。将 5～6 d 苗龄的无菌苗下胚轴切成 0.5～1 cm 的切段或带 0.3 cm 左右子叶柄的子叶，放置于 CM（MS+1 mg/L 6-BA+1 mg/L NAA）培养基上分别进行 3 d 的预培养，然后用 OD_{600} 达到 0.4 的菌液进行浸染，时间为 2～3 min，之后用无菌滤纸吸干外植体上

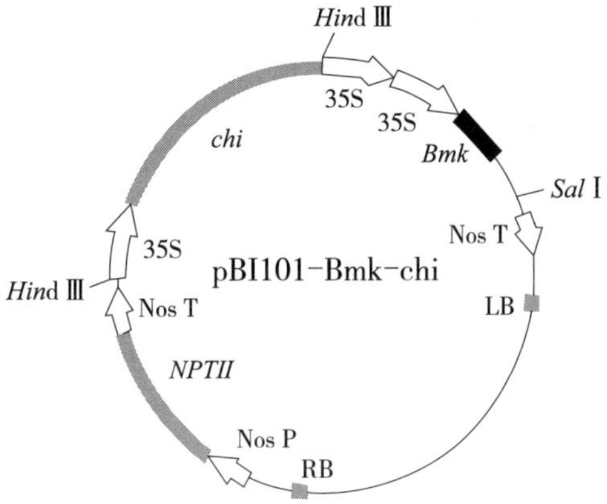

chi—几丁质酶基因；*Bmk*—东亚钳蝎神经毒素基因；

NPTII—卡那霉素抗性基因（选择标记）。

图 3-1　质粒 pBI101-Bmk-chi 图谱

多余的菌液。将外植体放置在 CM 培养基上培养 2 d。将外植体放入 SRA（2.0 mg/L 6-BA+0.2 mg/L NAA+30 μmol/L $AgNO_3$+30 mg/L 卡那霉素 +500 mg/L 羧苄青霉素）培养基中诱导转基因植株芽苗分化。每 20 d 用原培养基继代一次。外植体分化出小芽后，移入 SR（MS+2.0 mg/L 6-BA+0.2 mg/L NAA+30 mg/L 卡那霉素 +500 mg/L 羧苄青霉素）培养基生长。待分化出的小芽苗长到 3 cm 左右时，将小芽苗从外植体上切下，放入 RM（MS+0.1 mg/L NAA+25 mg/L 卡那霉素 +300 mg/L 羧苄青霉素）培养基上诱导生根。

转基因植株分子检测方法：

（1）Southern blot 杂交

经过卡那霉素筛选的拟转基因植株移入温室后继续生长至 6～7 片叶时，分别取野生型和拟转基因植株的幼嫩叶片，按照 Clark 的方法提取总 DNA[19]。拟转基因植株与野生型植株均先使用 *chi* 和 *Bmk* 基因特异引物进行 PCR 扩增。PCR 阳性植株进行 Southern blot 分析，明确外源基因在油菜染色体上的整合。

分别提取野生型和转基因植株总 DNA，每个材料分别取 15 μg 总 DNA，用 *Bam*H Ⅰ（用于检测 *Bmk* 基因）和 *Hin*d Ⅲ酶切（用于检测 *chi* 基因），0.8% 琼脂糖凝胶电泳，经过碱变性后转移至尼龙膜上（Hybond N+，Amersham，http://www.amersham.com），并用 Dig-dUTP 标记的 *chi* 和 *Bmk* 探针分别进行杂交。

探针制备：

① *chi* 探针制备：用 *Hin*d Ⅲ酶切质粒 pBI101-Bmk-chi DNA，低熔点琼脂糖凝胶上电泳，回收 2.2 kb 片段（*chi* 基因 1.8 kb 片段和 35S 启动子 0.4 kb 片段）。用 Klenow 酶和 Dig-dUTP，按照地高辛 DNA 标记和检测试剂盒的说明合成 chitinase 探针。

②用聚合酶链式反应地高辛探针合成试剂盒和 *Bmk* 基因特异引物，合成 Dig-dUTP 标记与 *Bmk* 基因的 0.3 kb 的探针。

分别将 *chi* 探针和 *Bmk* 探针与制备好的杂交膜杂交。用化学发光剂（CSPD）荧光染色检测，X 光胶片曝光。

地高辛 DNA 标记和检测试剂盒、聚合酶链式反应地高辛探针合成试剂盒和 CSPD 均购自瑞士罗氏公司（http://www.roche.com.cn）。

（2）酶联免疫吸附试验（ELISA）

几丁质酶和蝎毒素蛋白的表达量用 ELISA 法分析，在植株生长到 9～10 叶期时，每个植株取 150 mg 新鲜幼叶，按照 Prasad 等的方法[20]，使用含有 40 mmol/L Tris-HCl（pH 7.2）、5 mmol/L EDTA 和 10 mmol/L 2- 巯基乙醇的蛋白质提取缓冲液，从单个转基因植物中提取总蛋白质。抗几丁质酶和蝎虫毒素血清由山西大学生物技术研究所（http://biotechnology.sxu.edu.cn）提供，过氧化物酶结合羊抗兔单克隆抗体（英国 Amersham 公司）用作第二抗体。以 2,2′- 叠氮双（3- 乙基苯并噻唑啉 -6- 磺酸）（ABTS）为底物。测量样品在 450 nm 处 OD 值，使用全自动酶标仪（美国 BIO-RAD 550，http：//www.bio-rad.com）读数。

根据使用纯化的 Bmk IT 和 chi 蛋白获得的标准曲线，得到 Bmk IT 和几丁质酶蛋白质量的计算公式：

$$Y = 1.665X + 0.011\ (r = 0.985)\ (\text{Bmk IT 蛋白}) \tag{3-1}$$

$$Y = 0.764X + 0.002\ (r = 0.992)\ (\text{chitinase 蛋白}) \tag{3-2}$$

转基因植株抗虫性鉴定方法：

将检测到的所有转基因植株采用离体叶片喂养试验接种小菜蛾幼虫（DBM）。每个植株叶片接种 5 只 2 龄幼虫，在接种后第 5 d 称量活幼虫重量（生物总量），7 d 后根据叶片损伤和幼虫死亡率对每个材料评分。每株植物重复 3 次试验。根据以下公式计算死亡率：

$$死亡率 = (死亡幼虫 / 接种幼虫总数) \times 100\% \quad (3\text{-}3)$$

$$校准死亡率 = [(转基因植物的死亡率 - 野生型死亡率) / (1 - 转基因植物死亡率)] \times 100\% \quad (3\text{-}4)$$

叶片受损程度评价参考杨广东等的方法[21]，将叶片受损级别分为5级：0级，叶片仅有极微小的孔；1级，叶片有小孔，但小孔并不相连；2级，叶片小孔相连，但叶片完整；3级，叶片有大洞，但基本完整，还有大量叶片残余；4级，叶片仅剩下叶脉和不完整的叶片。

T_1代遗传分析方法：

为了确定转基因后代的遗传性，每个转基因植株取30～40个无菌种子，种在含250 mg/L卡那霉素的MS培养基上发芽。发芽10 d后，根据幼苗颜色和根系生长情况，对卡那霉素抗性苗和卡那霉素敏感苗进行计数，卡方检验统计分析。

3.1.2 获得转基因抗性苗

利用3.1.1的转化方法，2～3周后外植体边缘出现愈伤组织，再经过4～6周的培养，外植体上分化出抗性芽苗。抗性芽苗长到3～5 cm时，移入RM生根培养基生根。待抗性苗根系发育良好后，将抗性苗移入温室生长，直至开花结实。不同阶段外植体和抗性苗的形态见图3-2。从675个下胚轴切段中共诱导出62个抗性芽苗，经4～5周生根后得到57个抗性苗，移入温室后成活46个苗。

3.1.3 双价抗虫基因在油菜基因组中的整合

对46个转基因植株分别进行*chi*和*Bmk*基因的PCR扩增鉴定，结果发现46个材料中有39个材料含有*chi*和*Bmk*两个基因。随机从中取出9个PCR阳性株进行Southern blot杂交分析，结果见图3-3。9个PCR阳性株全部有外源基因的整合。其中有6个植株是单拷贝插入，3个植株是2个拷贝插入。根据Southern blot结果，可知转化率为7.155%。

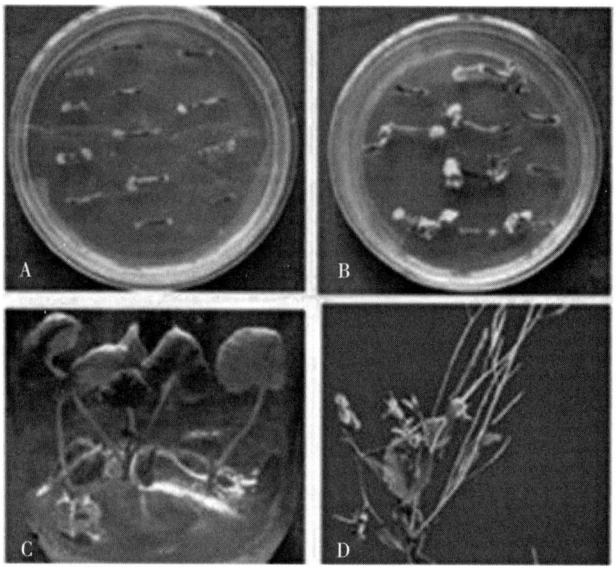

A—愈伤组织；B—分化抗性芽苗；C—抗性苗；D—开花结实。

图 3-2 油菜基因转化过程

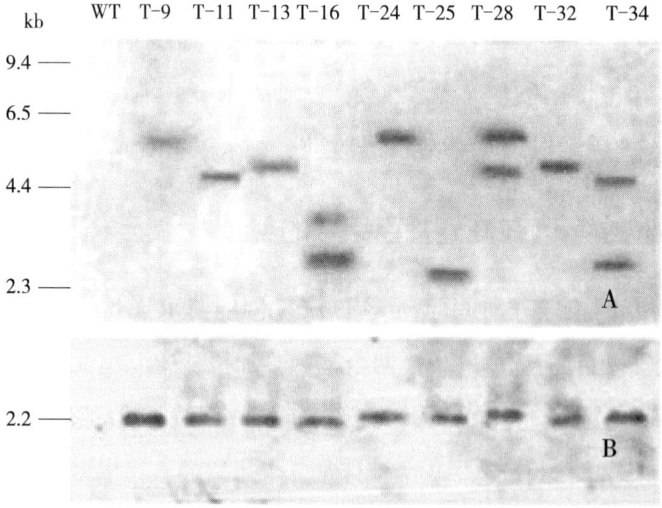

A—检测 *Bmk* 基因；B—检测 *chi* 基因。

图 3-3 野生型和转基因植株 Southern blot 杂交分析结果

3.1.4 双价抗虫基因在转基因植株中的表达分析

3.1.4.1 转基因植株抗虫性鉴定

所有的 T_0 代植株都对小菜蛾幼虫表现出不同水平的抗性。有些植株叶片上的幼虫在第 3 d 就死亡了，叶片上仅留下一些小孔。在饲喂 7 d 时进行抗虫性定级分析。39 个植株中，13 个为 1 级抗性，18 个为 2 级抗性，8 个为 3 级抗性。部分转基因植株的抗虫性鉴定结果见表 3-1 和图 3-4。

表 3-1 部分转基因植株的抗虫性

转基因植株	校正死亡率 /%	生物总量 /mg	叶片受损级别
T-9	93.33	5.40±1.08	1
T-11	100	2.63±0.78	1
T-13	86.67	9.00±0.92	1
T-16	20	30.64±4.51	3
T-24	86.67	5.97±1.86	1
T-25	60	24.30±3.52	2
T-28	73.33	10.80±1.35	2
T-32	66.67	13.63±2.05	2
T-34	33.33	28.70±2.07	3
T-35	46.67	16.00±2.62	2
野生型	0	46.17±3.16	4

3.1.4.2 ELISA 分析

对所有 T_0 植株进行 ELISA 分析，检测整合到油菜基因组中的外源基因是否能正确表达所编码的蛋白质，以及在转基因植株中是否存在此蛋白质。ELISA 分析结果表明，尽管不同转基因植株中几丁质酶和蝎毒蛋白的表达量有所不同，但在所有转基因植物中外源基因编码的蛋白质都有表达，部分 ELISA 检测结果见图 3-5。ELISA 分析表明，这两种基因都在转基因植物中共表达，这意味着 *chi* 和 *Bmk* 基

A—野生型叶片；B—转基因植株 T-9；C—转基因植株 T-28；D—转基因植株 T-11。

图 3-4 转基因植株叶片抗虫性鉴定

因存在共转化。对 T_0 植物的抗虫性和 ELISA 分析结果表明，转基因植株的抗虫性与两个导入基因编码的蛋白质表达水平之间存在明显的相关性。当两种蛋白表达量都相对较高时，转基因植物表现出较高的抗虫性，如具有高抗性的 T-9、T-11 和 T-13。当只有几丁质酶或蝎毒蛋白中的一种蛋白质高度表达时，转基因植株会表现出中等或低等抗虫性，如转基因植株 T-28 和 T-32（表 3-1、图 3-5）。因此，双价抗虫基因的共转化和高表达是导致转基因植株高抗虫性的原因。

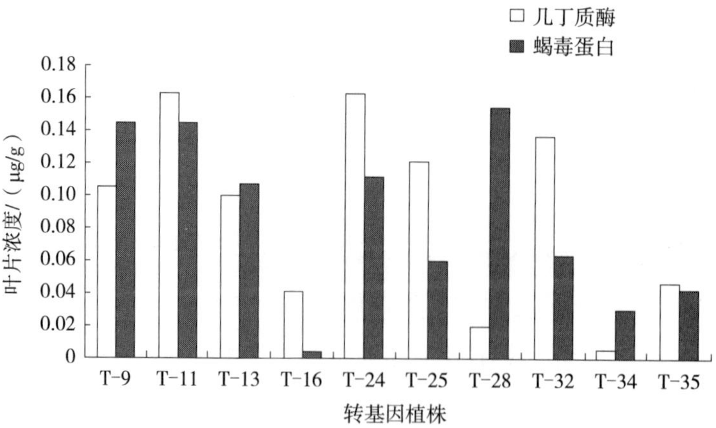

图 3-5 部分转基因植株的外源蛋白质表达量

3.1.5 转基因植株后代遗传分析

随机取 6 株 T_0 转基因植株自交后代（T_1）种子，放在含有 250 mg/L 卡那霉素的 MS 培养基上萌发。结果显示，大部分 T_1 幼苗在含筛选剂的培养基上生长正常，子叶呈绿色，根系发达，属于卡那霉素抗性植株；而野生型苗和其他 T_1 苗生长异常，子叶呈黄色，下胚轴呈粉红色，根系发育不良，被认为是卡那霉素敏感苗。经统计分析，卡那霉素抗性和卡那霉素敏感苗的分离比符合孟德尔遗传规律（表 3-2、图 3-6）。因此，含几丁质酶和蝎毒素的双价抗虫基因可以通过农杆菌介导的方法转入油菜优良品种，并且转基因植株可以选择对油菜小菜蛾具有高抗性的种质材料，并且转基因性状可以遗传给后代，其遗传方式符合孟德尔遗传规律（表 3-2）。该转基因后代材料可以作为优良的抗虫资源材料在抗虫育种中利用。

表 3-2 部分 T_1 代幼苗在含有 250 mg/L 卡那霉素的 MS 培养基上的分离比

植株	抗性苗（R）数量 / 个	敏感苗（S）数量 / 个	分离比（R : S）	测试分离比	χ^2 值
T-9	23	8	2.9 : 1	3 : 1	0.011*
T-11	32	9	3.6 : 1	3 : 1	0.073*
T-23	26	6	4.3 : 1	3 : 1	0.375*
T-24	33	8	4.1 : 1	3 : 1	0.398*
T-25	29	7	4.1 : 1	3 : 1	0.333*
T-28	34	2	17.0 : 1	15 : 1	0.030*

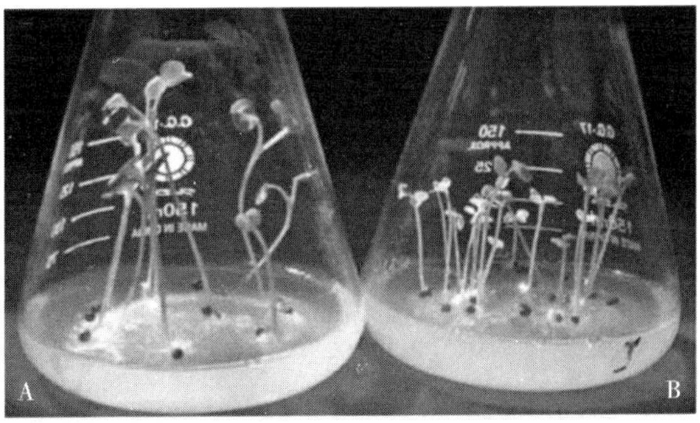

A—T-11 植株 T_1 代苗表现出卡那霉素抗性苗和敏感苗的分离；B—野生型植株。

图 3-6 转基因 T_1 代（T-11）和野生型种子在 MS+250 mg/L 卡那霉素培养基上的萌发

3.2 油菜抗虫、抗除草剂新种质资源的研制

3.2.1 材料和方法

3.2.1.1 实验材料

甘蓝型油菜：湘油 15 号、湘油 14 号和 Y03-211。

转化所用质粒为植物表达载体 pAM12-s1m，含有草甘膦抗性基因 *aroA-M12* 和抗虫基因 *BtS1m* [22]（图 3-7）。

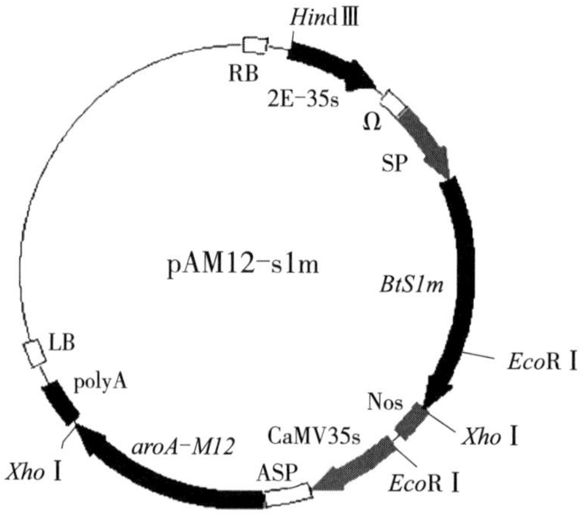

图 3-7 植物表达载体 pAM12-s1m 的结构

2 龄斜纹夜蛾（*Spodoptera litura*）幼虫由有害生物控制与资源利用国家重点实验室（中山大学）提供。

3.2.1.2 油菜农杆菌介导遗传转化方法优化

油菜农杆菌转化方法同 2.2.1。油菜基因转化各阶段所用培养基列于表 3-3。

在 2.2.1.4 节中，通过对不同培养基的选择，得到再生频率最高的培养基：MS+2 mg/L 6-BA+0.5 mg/L GA3+20 μmol/L $AgNO_3$。然而，用这种培养基作为转化后再生植株分化诱导培养基时，却发现外植体的出愈率和愈伤组织生长的状态并不理想。因而，对转化后再生植株分化的诱导培养基又进行了优化。优化的油菜

转化后抗性芽诱导培养基为 REAM2（MS+2 mg/L 6-BA+0.5 mg/L NAA+30 μmol/L $AgNO_3$+8 mg/L 草甘膦 +300 mg/L Cef）。

表 3-3 油菜遗传转化各阶段培养基

培养基	组成	用途
PCM	MS+1 mg/L 6-BA +1 mg/L 2,4-D	转化前预培养
CM	MS+2 mg/L 6-BA	与农杆菌共培养
REAM	MS+2 mg/L 6-BA+0.2 mg/L GA3+30 μmol/L $AgNO_3$+8 mg/L 草甘膦 +300 mg/L Cef	诱导出外植体愈伤组织和分化再生芽
REAM2	MS+2 mg /L 6-BA+0.5 mg/L NAA+30 μmol/L $AgNO_3$+8 mg/L 草甘膦 +300 mg/L Cef	同上
REAM3	MS+2 mg/L 6-BA+0.2 mg/L NAA+30 μmol/L $AgNO_3$+ 8 mg/L 草甘膦 +300 mg/L Cef	同上
REAM4	MS+2 mg/L 6-BA+0.5 mg/L NAA+30 μmol/L $AgNO_3$+10 mg/L 草甘膦 +300 mg/L Cef	同上
GM	MS+1 mg/L 6-BA+8 mg/L 草甘膦 +300 mg/L Cef	外植体再生芽生长
GM2	MS+1 mg/L 6-BA +10 mg/L 草甘膦 +300 mg/L Cef	同上
RM	MS+0.2 mg/L NAA+5 mg/L 草甘膦 +300 mg/L Cef	诱导再生芽生根

3.2.1.3 Southern blot 杂交

T_0 代植株及转基因后代分子检测所需 DNA 均是在植株生长到 5～6 片叶时，取幼嫩叶片，用 CTAB 法[23]提取总 DNA，以供 PCR 扩增和 Southern blot 杂交使用。

油菜下胚轴外植体经农杆菌侵染和共培养后，在含草甘膦的培养基上分化出抗性植株。提取抗性苗的基因组总 DNA，分别用 *aroA-M12* 基因的特异引物（P1/P2）和 *BtS1m* 基因特异引物（P3/P4）进行 PCR 扩增检测。

引物 P1/P2，扩增 *aroA-M12* 基因，PCR 产物片段大小为 1.30 kb。引物序列为：

P1：5′-CATGCCATGGAATCCCTGACGTTACAA-3′，

P2：5′-CGCGGATCCTTAGCAGGCTACTCATTC-3′。

PCR 扩增程序：① 94 ℃预变性 5 min；② 94 ℃变性 0.5 min，54 ℃退火 1 min，72℃延伸 1 min，重复 30 个循环；③ 72℃延伸 10 min。

扩增 *BtS1m* 基因用引物 P3/P4。扩增片段大小为 0.96 kb。引物序列为：

P3：5′-TATCCCATTGTTCGCAGTCC-3′，

P4：5′-CATCACGACTCAAGTTGTTA-3′。

PCR 扩增程序：① 94℃预变性 5 min；② 94℃变性 0.5 min，55℃退火 0.5 min，72℃延伸 1 min，重复 30 个循环；③ 72℃延伸 10 min。

油菜不同品种的转化率按照式（3-5）计算：

转化率 =（分化出 PCR 检测呈阳性的外植体块数 / 外植体总块数）× 100%　（3-5）

草甘膦筛选出的油菜不同品种转化苗的阳性率按照式（3-6）计算：

阳性率 =（PCR 呈阳性的植株数 / 总再生植株数）× 100%　（3-6）

参照 3.1.1 节的方法制备地高辛标记的 *aroA-M12* 基因探针。利用聚合酶链式反应地高辛探针合成试剂盒和 P3/P4 引物，合成 Dig-dUTP 标记 *BtS1m* 基因探针。按照 Clark 的方法进行 Southern blot 杂交[19]。

3.2.1.4　Western blot 杂交

按照 Prasad 等的方法提取用于检测 EPSPS 的油菜总蛋白[20]。按照 Xiang 等的方法提取用于检测 Bt 毒蛋白的油菜总蛋白[24]。Western blot 杂交用的一抗为 EPSPS 兔抗血清和 Bt 兔抗血清，为中山大学生命科学学院徐培林教授实验室自制。二抗为碱性磷酸酶标记的羊抗兔 IgG。Western blot 检测用蛋白质印迹检测试剂盒，购自瑞士罗氏公司（http://www.roche.com.cn）。

3.2.1.5　转基因植株抗虫性鉴定

将转基因的油菜叶片和野生型叶片分别放入铺有浸湿滤纸的培养皿，叶柄基部用湿润的脱脂棉球包裹。将 2 龄斜纹夜蛾（*Spodoptera litura*）幼虫［由有害生物控制与资源利用国家重点实验室（中山大学）提供］预先称重，每个叶片接种 5 头幼虫，于 25±2℃、每日 16 h 光照的培养室中培养。第 5 d 时观察幼虫存活和发育情况并称重。第 7 d 时统计幼虫死亡率。每组实验重复 3 次。各项指标计算公式如下：

死亡率 =（昆虫死亡数 / 接虫总数）× 100%；　（3-7）

生物总量 = 存活幼虫的总重量　（3-8）

$$校正死亡率 = [(处理死亡率 - 对照死亡率)/(1- 对照死亡率)] \times 100\% \quad (3\text{-}9)$$

按照 3.1.1 节的方法评价叶片受损级别：0 级，叶片仅有极微小的孔；1 级，叶片有小孔，但小孔并不相连；2 级，叶片小孔相连，但叶片完整；3 级，叶片有大洞，但基本完整，还有大量叶片残余；4 级，叶片仅剩下叶脉和不完整的叶片。

3.2.1.6 转基因植株的草甘膦抗性鉴定

待移栽到温室的油菜小苗长到有 6～7 片叶或苗高为 20～30 cm 时，用 0.2% 的除草剂 Roundup® 喷洒，每隔 7 d 喷洒一次，共喷洒 2 次。第 2 次喷洒 7 d 时观察植株受害情况。抗性评价参照 Mannerlöf 等的方法并加以改进[25]，引入了植物生长发育的指标。具体划分标准如下：

高抗（H）：整个植株叶片均为正常绿色，叶片挺拔。叶面上没有或仅有个别黄色斑块（相当于 Mannerlöf 等的 9～10 级[25]），生长发育未受到影响。

中抗（M）：植株上绝大多数叶片为正常绿色，但是叶片出现轻微下披，生长速度减慢，少数叶片出现黄色斑块（相当于 Mannerlöf 等的 6～8 级[25]）。

低抗（L）：植株上部分叶片发黄、萎蔫，出现明显的受害症状。生长发育受到影响，但经过一段时间后植株仍能够恢复生长（相当于 Mannerlöf 等的 3～5 级[25]），植株表现出明显的耐性。

3.2.2 抗草甘膦再生植株的获得

按照 3.2.1 节的方法，用含有 pAM12-slm 质粒的农杆菌分别与湘油 14 号、湘油 15 号和 Y03-211 三个品种的下胚轴外植体进行共培养转化。4～6 d 苗龄的下胚轴切段（0.5～1 cm）在 PCM 培养基上进行 3 d 预培养（图 3-8A）后，外植体经过含有 pAM12-slm 质粒的 LBA4404 共培养，并放在 REAM2 培养基上诱导产生愈伤组织和分化再生植株。

外植体在诱导培养基上培养时，在下胚轴切口处，会出现不同程度的褐化现象（图 3-8B）。不同品种褐化发生的时间不同。湘油 15 号褐化发生得早，外植体感染后 2～3 d 在切口处就开始发褐，最后发黑。褐化和发黑的部位仅在切口及相邻处，并不向下胚轴的中部延伸。而 Y03-211 下胚轴切口褐化开始发生是在农杆菌感染后的3～4 d，褐化发展得较慢，但是褐化一直向下胚轴的中部延伸，严重时整个下胚轴发褐。下胚轴切段在培养基上经过7～10 d的培养，外植体在切口处出现白色、松散的愈伤组织，愈伤组织继续培养，会逐渐出现一些较致密的淡绿色愈伤组织（图3-8C）。

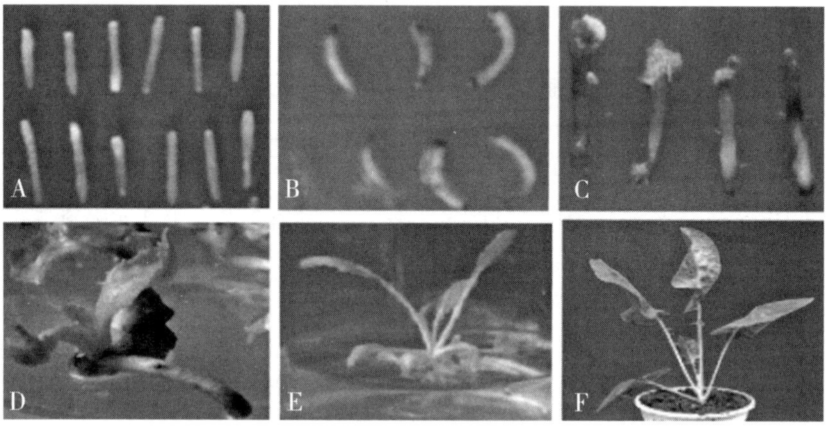

A—下胚轴在PCM培养基上预培养；B—外植体与农杆菌共培养；C—外植体上诱导出愈伤组织；D—外植体上再生出抗性小芽；E—抗性苗生根；F—抗性苗移入温室。

图3-8　油菜转双抗基因的抗性植株再生过程（湘油15号）

愈伤组织在REAM2培养基上大约经过4周的培养，其较致密的表面开始分化出绿色芽点。愈伤组织上分化出绿色芽点后，转入REAM2培养基上，继续经过1～2周的培养，绿色芽点分化成正常芽苗（图3-8D）。不同品种转化后抗性芽苗的分化率不同，其中湘油15号转化率最高，为12.09%；湘油14号转化率为7.56%；Y03-211转化率最低，为5.61%，说明油菜在基因转化中存在着明显的基因型依赖性。

待分化出的抗性芽苗长到3 cm左右时，将抗性芽苗从外植体上切下转入生根培养基（RM培养基），诱导抗性苗生根。抗性芽苗在RM培养基上经过约2周的培养，芽苗基部切口处开始出现白色的突起。这些白色突起发育成为不定根（图3-8E）。经过4～5周的培养，抗性芽苗可以再生出发育良好的根系。

将生根以后的抗性苗从25℃的培养室中移入4℃、16 h/8 h光照交替的光照培养箱进行春化处理，处理时间为6周。抗性苗春化结束后，移入温室生长至开花成熟。

在转化过程中，从3个品种的下胚轴外植体上共获得84个抗性芽苗，转入含有筛选压的生根培养基后，75个抗性芽苗在生根培养基中生根并进行春化处理。经过春化处理后共得到73个转化苗，移入温室后有71个转化苗成活。

3.2.3 抗虫、抗草甘膦双价基因（*aroA-M12+BtS1m*）在油菜基因组中的整合和表达

转化植株移入温室生长后，取转基因植株的幼嫩叶片，按照3.2.1节的方法提取全部转化植株和野生型植株的基因组DNA。用紫外吸收法测定DNA的产量和纯度。结果表明，样品的DNA含量均为0.2～0.5 μg/μL，A260/A280为1.8～1.9，达到DNA纯度要求。取2 μL DNA样品电泳检测，所有的DNA电泳条带清晰。DNA的质量可以满足Southern blot实验要求。

按照3.2.1节的方法，对湘油15号39个抗性植株进行PCR扩增检测的结果显示，在39株抗性植株中，利用P1/P2引物扩增，全部扩增出1.3 kb的*aroA-M12*基因片段。利用P3/P4引物扩增，有37株检测到0.96 kb的*BtS1m*基因片段。对湘油14号14个抗性株PCR扩增检测的结果显示，14株抗性植株中，利用P1/P2引物扩增，12株扩增出1.3 kb的*aroA-M12*基因片段。利用P3/P4引物扩增，有11株检测到0.96 kb的*BtS1m*基因片段。在Y03-211的18个抗性植株中，用P1/P2、P3/P4引物扩增均得到16个阳性植株，而且这16个阳性植株均为两个基因都是阳性。湘油15号部分抗性植株PCR扩增结果见图3-9。

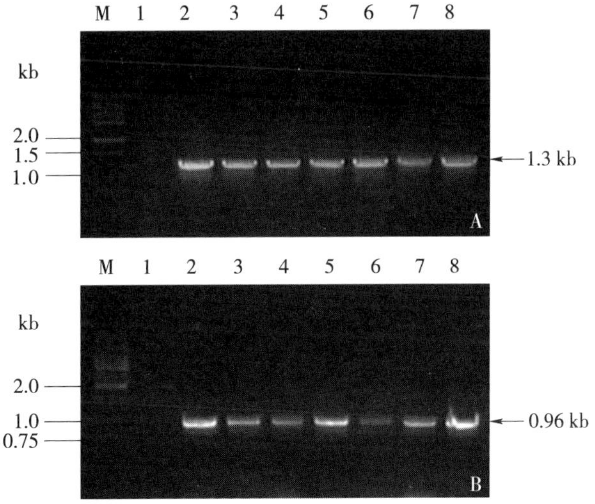

A—扩增*aroA-M12*基因；B—扩增*BtS1m*基因；M—分子量标记；1—未转基因的对照植株；2～7—转基因植株XT-1、XT-3、XT-7、XT-10、XT-15、XT-21；8—质粒DNA。

图3-9 湘油15号部分转基因抗性植株PCR扩增产物电泳图

根据 PCR 扩增的结果得到 3 个品种的转化率和 PCR 扩增阳性率（表 3-4）。由表 3-4 可知，3 个品种中湘油 15 号转化率最高，阳性率也最高。

表 3-4　不同品种的转化率

单位：%

品种	转化率	阳性率
湘油 15 号	10.91	94.87
湘油 14 号	5.19	78.57
Y03-211	7.58	88.88

3.2.3.1　Southern blot 分析

随机从湘油 15 号中取 9 个植株，分别用标记的 *BtS1m* 基因片段和 *aroA-M12* 基因片段两个探针进行 Southern blot 杂交。Southern blot 杂交结果见图 3-10。

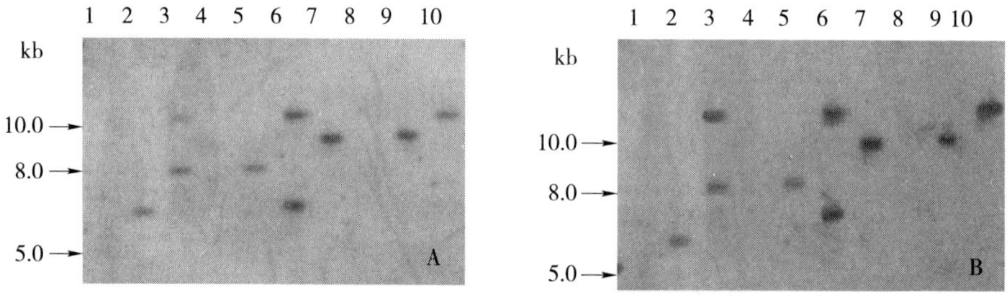

A—以 *aroA-M12* 基因为特异性探针（1.3 kb）杂交；
B—以 *BtS1m* 基因为特异性探针（0.96 kb）杂交；1—野生型植株；
2～10—转化植株 XT-1、XT-3、XT-7、XT-10、XT-15、XT-21、XT-23、XT-26、XT-28。

图 3-10　T_0 代转基因植株 Southern blot 杂交结果（湘油 15 号）

Southern blot 杂交结果表明，*aroA-M12+BtS1m* 双价基因确已通过农杆菌介导转化法导入油菜基因组，转基因植株中 *aroA-M12* 基因和 *BtS1m* 基因是紧密连接在一起的。3 个品种的 Southern blot 杂交结果列于表 3-5。结果表明，转基因植株中外源基因多数是以单拷贝的方式插入油菜基因组。

表 3-5　不同转化植株 Southern blot 杂交结果

品种	检测株数 / 株	阳性株数 / 株	拷贝数		
			1	2	≥3
湘油 15 号	18	15	10	4	1
湘油 14 号	12	8	5	2	1
Y03-211	8	6	3	2	1

3.2.3.2　Western blot 分析

按照 3.2.1 节的方法提取转基因植株和野生型植株的总蛋白并测定蛋白含量。每个样品取 30 μg 总蛋白进行 SDS-PAGE 电泳和 Western blot 杂交。湘油 15 号部分植株的 SDS-PAGE 电泳和 Western blot 杂交结果见图 3-11、图 3-12。3 个品种转基因植株 Western blot 杂交结果列于表 3-6。

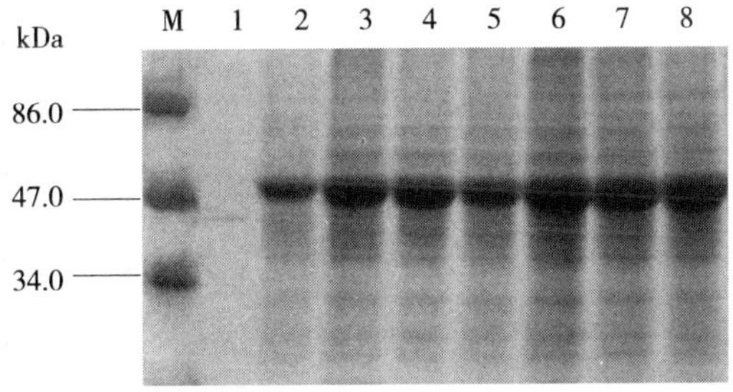

M—分子量标记；1—EPSPS，42 kDa；2—野生型；
3～8—转基因植株 XT-1、XT-10、XT-15、XT 21、XT-26、XT-28。

图 3-11　T_0 代油菜转基因植株的总蛋白 SDS-PAGE 电泳图（湘油 15 号）

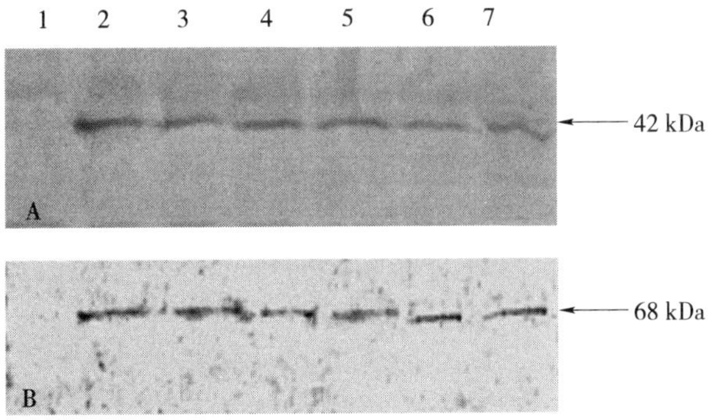

A—EPSPS 蛋白；B—Bt 蛋白；1—野生型植株；
2～7—转化植株 XT-1、XT-10、XT-15、XT-21、XT-26、XT-28。

图 3-12　转基因植株的 Western blot 分析（湘油 15 号）

表 3-6　转基因植株 Western blot 杂交结果　　单位：株

品种	Western blot 检测株	EPSPS 阳性株	Bt 阳性株	双阳性株 +
湘油 15 号	34	33	31	31
湘油 14 号	8	6	5	5
Y03-211	14	11	8	8

从表 3-6 可知，外源基因所编码的蛋白质在转基因植株中得到了正确表达；部分转基因植株中外源基因发生了沉默。两个基因都有发生基因沉默的现象，但在 *BtS1m* 基因上发生沉默的转基因植株要比在 *aroA-M12* 基因上沉默的转基因植株数更多。

3.2.4　转基因植株抗虫性分析

对由 Western blot 杂交得到的 44 株双阳性转基因植株（其中湘油 15 号转基因植株 31 株、湘油 14 号转基因植株 5 株、Y03-211 转基因植株 8 株）在室内接种 2 龄斜纹夜蛾幼虫进行抗虫性鉴定。结果发现，与野生型相比，转基因植株昆虫死亡率提高，昆虫的取食量减少，均表现出一定的抗虫性。不同植株间抗性表现有所不同。31 株湘油 15 号转基因植株中有 14 株对斜纹夜蛾幼虫表现出较高的抗性，矫正死亡率在 90% 以上，叶片受损级别为 1 级；10 株矫正死亡率为 50%～80%，叶片受损级别为 2 级，表现为中度抗性；7 株叶片受损级别为 3 级，表现为低抗。图 3-13 为部分转基因植株叶片饲喂斜纹夜蛾幼虫 5 d 时的取食情况。5 株湘油 14 号转基因植株中有 2 株对斜纹夜蛾幼虫表现出较高的抗性。8 株 Y03-211 转基因植株中有 3 株表现出较高的抗虫性。用高抗植株叶片饲喂幼虫时，由于 Bt 毒蛋白的作用使得幼虫的取食量减少，幼虫积累的生物量也明显减少，从而造成较高的幼虫死亡率。对转基因植株进行抗虫性鉴定结果说明，所转入的 Bt 基因在植物中的表达使得转基因植株对斜纹夜蛾幼虫具有了明显的抗性。

图 3-13 转基因植株叶片饲喂斜纹夜蛾幼虫后的取食情况（湘油 15 号）

注：照片摄于饲喂昆虫的第 5 天；CK 为野生型湘油 15 号植株叶片。

3.2.5 转基因植株对草甘膦的抗性分析

采用植株喷洒的方法对上述 44 个转基因植株进行了草甘膦抗性鉴定。结果表明，转基因植株均对草甘膦表现出一定的抗性，不同的转基因植株草甘膦的抗性有所不同。31 株湘油 15 号转基因植株中有 13 株表现高抗，12 株表现中抗，6 株表现低抗。图 3-14 为转基因植株所表现出的 3 种不同水平的草甘膦抗性。5 株湘油 14 号转基因植株中，2 株表现为高抗；8 株 Y03-211 转基因植株中，4 株表现为高抗。

1—野生型植株；2—转基因低抗植株 XT-3；
3—转基因中抗植株 XT-4；4—转基因高抗植株 XT-1。

图 3-14 转基因植株草甘膦抗性鉴定

虽然从 Western blot 检测的结果中无法定量检测不同植株间在 EPSPS 和 Bt 蛋白表达量上的差异，但是双拷贝外源基因插入的转基因植株 XT-3 和 XT-15，它们的抗虫、抗草甘膦能力低于单拷贝插入的植株。说明在染色体上多拷贝插入外源基因对目标性状的表达可能会有不利的影响。

通过转基因植株的抗虫、抗草甘膦鉴定，共获得 16 个高抗草甘膦、高抗斜纹夜蛾幼虫的油菜“双抗”转基因植株（其中，湘油 15 号转基因植株 11 个、湘油 14 号转基因植株 2 个、Y03-211 转基因植株 3 个）。

3.2.6 *aroA* 基因在油菜中的表达可以使转基因植株草甘膦抗性大幅度提高

aroA-M1 基因和 *aroA-M12* 基因是中山大学生命科学学院徐培林教授实验室通过基因优化方法获得的一系列 EPSPS 突变体中两个较好的突变体。He 等在细菌中的研究表明[26]，突变的 EPSPS 对底物 PEP（磷酸烯醇式丙酮酸）亲和力提高，对草甘膦的亲和力下降，从而提高了植株对草甘膦的抗性。本研究用两个基因转化获得的转基因油菜植株对草甘膦的抗性都显著提高。根据离体叶片抗性鉴定结果，转 *aroA-M1* 基因的转基因植株中部分植株的草甘膦抗性比非转基因的对照植株高 10～15 倍，说明 *aroA-M1* 基因和 *aroA-M12* 基因产物对草甘膦具有较强的抗性。本研究所获得的转基因植株可以通过进一步的筛选，培育适合生产需要的抗除草剂以及抗虫、抗除草剂“双抗”油菜新品种。

本研究利用抗草甘膦、抗虫的双价基因转化油菜获得转基因植株，对转基因植株进行 PCR 扩增、Southern blot 杂交分析的结果证明，外源基因确已导入油菜优良品种湘油 15 号。对转基因植株进行 Western blot 杂交的结果表明，外源基因在转基因植株中得到了表达。温室喷洒草甘膦鉴定和离体叶片饲喂斜纹夜蛾幼虫的抗虫鉴定结果表明，转基因植株对草甘膦和斜纹夜蛾幼虫具有明显的抗性，不同的转化单株之间抗性的强弱有所不同。转基因植株生物抗性鉴定结果说明，由 *aroA-M12* 基因编码的 EPSPS 和由 *BtS1m* 基因编码的 Bt 蛋白在植物中的表达，确实能使转基因植物具有抗草甘膦和抗虫功能。从 71 个转化植株中共获得了 16 株具有高抗草甘膦、高抗虫的“双抗”转基因植株。这为进一步选育具有抗除草剂、抗虫双重功能的油菜新品种奠定了良好的基础。

参考文献

[1] Sacchi V F, Paolo P, M H G, et al. *Bacillus thuringiensis* toxin inhibits K+–gradient–dependent amino acid transport across the brush border membrane of pieris brassicea midgut cells[J]. Febs Letters, 1986, 204(2): 213–218.

[2] Perlak F J, Fuchs R L, Dean D A, et al. Modification of the coding sequence enhances plant expression of insect control protein genes[J]. Proc Natl Acad Sci U S A, 1991, 88(8): 3324–3328.

[3] Barton K A, Whiteley H R, Yang N S. *Bacillus thuringiensis* section sign–endotoxin expressed in transgenic *Nicotiana tabacum* provides resistance to Lepidopteran insects[J]. Plant Physiol, 1987, 85(4): 1103–1109.

[4] Vaeck M, Reynaerts A, Höfte H, et al. Transgenic plants protected from insect attack[J]. Nature, 1987, 328(2): 33–37.

[5] Sanchis V, Bourguet D. *Bacillus thuringiensis*: applications in agriculture and insect resistance management. A review[J]. Agronomy for Sustainable Development, 2008, 28: 11–20.

[6] 官春云，王国槐，陈社员，等 . 转基因抗虫油菜品系选育和性状研究 [J]. 湖南农业大学学报（自然科学版），2000，26(15)：335–336.

[7] Perlak F J, Deaton R W, Armstrong T A, et al. Insect resistant cotton plants[J]. Biotechnology, 1990, 8(10): 939–943.

[8] Salm T V d, Bosch D, Honee G, et al. Insect resistance of transgenic plants that express modified *Bacillus thuringiensis cry I A*(*b*) and *cryIC* genes: a resistance management strategy[J]. Plant Mol Biol, 1994, 26(1): 51–59.

[9] 田颖川，李文谷 . 人工合成苏云金芽孢杆菌杀虫蛋白基因 *cry I A*(*c*) 在大肠杆菌中的表达及对烟草的转化 [J]. 农业生物技术学报，1995，3(2): 45–52.

[10] 梁爱华，李晓玲，苏智广，等 . 东亚钳蝎昆虫毒素 Bmk IT 的 cDNA 序列分析 [J]. 高技术通讯，1999，(6): 12–15.

[11] Kramer K J, Muthukrishnan S. Insect chitinases: molecular biology and potential

use as biopesticides[J]. Insect Biochem Mol Biol, 1997, 27(11): 887-900.

[12] 张志云，张虎生，孙毅，等 . 双价抗虫基因植物表达载体的构建 [J]. 西北植物学报，2004，24(8): 1402-1408.

[13] 刘忠松，官春云，陈社员 . 抗除草剂油菜研究及其进展 [J]. 作物研究，2003，17(2): 3.

[14] Pline-Srnic W. Physiological mechanisms of glyphosate resistance[J]. Weed Technology, 2006, 20(2): 290-300.

[15] Mann R M, Bidwell J R. The toxicity of glyphosate and several glyphosate formulations to four species of southwestern Australian frogs[J]. Arch Environ Contam Toxicol, 1999, 36(2): 193-199.

[16] Comai L, Facciotti D, Hiatt W, et al. Expression in plants of a mutant *aroA* gene from *Salmonella typhimurium* confers tolerance to glyphosate[J]. Nature, 1985, 317: 741-744.

[17] Tate T M, Christian J. Effect of glyphosate on the development of *Pseudosuccinea columella* snails[J]. Archives of Environmental Contamination and Toxicology, 1997, 33(3): 286-289.

[18] 何鸣，曾海燕，徐培林，等 . *aroA* 基因的克隆和优化 [J]. 中山大学学报（自然科学版），2002，41(2): 76-79.

[19] Clark M S. Plant molecular biology—a laboratory manual[M]. Springer Berlin Heidelberg, 1997.

[20] Prasad K V S K, Sharmila P, Kumar P A, et al. Transformation of *Brassica juncea*(L.)Czern with bacterial codA gene enhances its tolerance to salt stress[J]. Molecular breeding, 2000, 6(5): 489-499.

[21] 杨广东，朱祯，李燕娥，等 . 大白菜转修饰豇豆胰蛋白酶抑制剂基因获得抗虫植株 [J]. 园艺学报，2002，29(3): 224-228.

[22] 谢龙旭，李云锋，徐培林 . 根癌农杆菌介导的转 *aroA-M12* 基因棉花植株的草甘膦抗性 [J]. 植物生理与分子生物学学报，2004，30(2): 6.

[23] Doyle J. DNA protocols for plants-CTAB total DNA isolation[J]. In: Molecular Techniques in Taxonomy, 1991, Berlin: Springer P283-293.

[24] Xiang Y, Wong W R, Ma M C, et al. *Agrobacterium*-mediated transformation of *Brassica campestris* ssp. Parachinensis with synthetic *Bacillus thuringiensis cry1Ab* and *cry1Ac* genes[J]. Plant Cell Rep, 2000, 19(3): 251-256.
[25] Mannerlöf M, Tuvesson S, Steen P, et al. Transgenic sugar beet tolerant to glyphosate[J]. Euphytica, 1997, 94(1): 83-91.
[26] He M, Nie Y, Xu P. A T42M substitution in bacterial 5-Enolpyruvylshikimate-3-phosphate Synthase (EPSPS) generates enzymes with increased resistance to glyphosate[J]. Bioscience Biotechnology & Biochemistry, 2003, 67(6): 1405-1409.

4 花粉介导转化方法的建立

基因转化是指外源 DNA 通过载体、媒体或其他物理、化学方法导入植物细胞中并得到整合及表达的过程。实现这一转化的系统称为转化系统。植物基因转化方法，对于成功地进行基因转化是至关重要的。目前常用的植物基因转化主要有两大类：一是土壤农杆菌介导转化系统；二是不借助载体的 DNA 直接导入转化系统，主要包括 PEG 法、电击法、脂质体法、微注射法、基因枪法、花粉管通道法等。有学者将目前常用的基因转化方法进行了比较[1]（表 4-1）。从表 4-1 中不难发现，农杆菌介导转化法具有相对较高的转化率，所需要的仪器设备也简单，同时转基因后代中外源基因插入的拷贝数一般比较少，后代的遗传表达比较简单，是一个较好的植物基因转化系统，但由于农杆菌对宿主细胞的强选择性（仅适用于双子叶植物和极少数的单子叶植物），大大影响了这个系统的实用性。以基因枪法为代表的 DNA

表 4-1　常用植物基因转化方法优缺点比较[1]

评价条件	植物基因转化方法				
	农杆菌法	PEG 法	电击法	微注射法	基因枪法
受体材料	完整细胞	原生质体	原生质体	原生质体	完整细胞
宿主限制	有	无	无	无	无
培养条件	简单	复杂	复杂	复杂	简单
转化效率	$10^{-2}\sim10^{-1}$	$10^{-5}\sim10^{-4}$	$10^{-5}\sim10^{-4}$	$10^{-3}\sim10^{-2}$	$10^{-3}\sim10^{-2}$
嵌合体	有	无	无	无	无
操作	简单	简单	复杂	复杂	复杂
设备	便宜	便宜	昂贵	昂贵	昂贵
工作效率	高	低	低	低	高
单子叶	少	可行	可行	可行	多

直接导入转化系统，尽管基因转化所需要的仪器设备比较昂贵，转化后代中转入基因的拷贝数也是随机的，常多于一个拷贝，易使导入的外源基因表达水平降低或沉默。但是DNA直接导入转化系统的一个最大的优势就在于其没有宿主范围的限制，具有良好的适用性，不仅适用于单子叶植物也适用于双子叶植物。

目前，植物遗传转化系统中存在的共性限制因素是，任何一种植物的遗传转化，无论是采用农杆菌介导转化法，还是采用基因枪转化法，都需要预先在拟转化植物上建立一个良好的植物组织培养体系。任何一种植物高效的遗传转化率都是建立在高效的组织培养体系和技术的基础之上。不容忽视的是，在植物组织培养中，尽管植物细胞都具有全能性，但是任何一种植物细胞再生和分化都是在特定的条件下诱导发生的，不同植物诱导的难易程度不同。即使同一种植物不同品种之间也存在非常明显的基因型依赖性。同时，转化以后冗长的植物组织培养以及转化体筛选过程不仅容易诱导转化植株产生变异，而且转基因试管苗生命力较弱，在向温室移栽的过程中易夭折死亡，严重地影响遗传转化效率。因此，一种新的、高效的、简便的基因转化方法，对加速植物基因工程的发展将起到非常重要的推动作用。

4.1 花粉介导转化方法的建立

在不依赖于植物组织培养的植物转基因方法的研究中，in planta（floral-dip）的转基因方法逐渐受到关注[2-4]。徐光硕等用in planta的转基因方法转化甘蓝型油菜获得了0.1%的转化率[5]。虽然in planta转化方法具有操作简便，不需要经过植物组织培养的优点，但是，过低的转化率和大量的假转化体给转基因植株的筛选鉴定带来了不小的困难。尽管利用20世纪80年代由周光宇先生创造的花粉管通道法[6]，也获得了许多转基因作物材料[7-11]，但是由于花粉管通道法中适宜的转化技术需要较长时间的摸索，限制了其应用。

超声波作为一种高能的物理形式在生物学领域已早有应用。章力键等、张宏等、许宁等利用超声波转化在烟草、玉米和小麦上获得了成功[12-14]。结合国外学者的工作[15]，从1999年开始我们进行了花粉介导转化方法的研究。目前，已经在玉米、油菜、高粱等作物上取得了成功[16-18]。

4.1.1 花粉介导转化方法的原理

花粉介导转基因方法不受植物种类的限制，无论单子叶还是双子叶植物都可以进行成功转化。转基因处理的时间是在植物开花期，操作简单易行。超声波处理所需设备简单（只需一台简单的超声波发生器），适合于广大基层育种工作者应用。

本研究基因转化使用宁波新芝科学仪器研究所出品的 JY92-II 型超声波细胞破碎仪。

花粉介导法转化具体转化流程如下：

①在开花前一天，给受体植株去雄，套袋。开花当天收集新鲜花粉，将花粉与含有外源基因的质粒在介质溶液中混合。

②将含有质粒的介质溶液进行一定强度的超声波处理。

③处理完的花粉再人工授粉到柱头上。待作物成熟后，收获种子并进行分子检测，获得转基因植株。

4.1.2 花粉介导转化法与花粉管通道法转化的区别

花粉介导转化方法是基于超声波产生的空化作用，可以瞬间在花粉壁上萌发孔处形成可逆通道，促使介质溶液中的 DNA 进入花粉粒。在棉花、大豆、高粱中利用带有 *GUS* 基因的 pCABMIA 1304 质粒进行转化时，都在经超声波处理后的花粉授粉 24～48 h 的子房和离体花粉中观察到了蓝色反应。2017 年，Yang 等在经过超声波处理的花粉壁上观察到了小孔，并用 *GFP* 基因做标记在超声波处理后的花粉中观察到了绿色荧光[19]。

花粉管通道法是由我国生物化学家周光宇在 20 世纪 80 年代创建的[20]，最早是用在远缘杂交上，后来不同作者利用该方法在多种作物上开展了研究，利用转基因技术分子检测技术先后在花粉管转基因后代中获得了包括 Southern Blot、Nouthern Blot、外源基因表达产物等一系列的分子转化证据。目前，该方法已经在如水稻、玉米、棉花、小麦、大豆等重要作物上选育到了优质的育种材料[21-24]。以玉米为例，花粉管通道法的主要技术手段是选取自交授粉后 22～26 h，且抽丝期一致的玉米果穗。剪去距穗顶部 1 cm 以上的苞叶和花丝，将 DNA 滴在切口处。外源 DNA 在花粉进入时形成通道，进入幼胚从而完成外源 DNA 导入过程[22]。花粉介导转化方法与花粉管通道法都属于 in planta 的整株遗传转化方法，都可以避免常规转基因方法中需要通过冗长的组织培养和再生植株分化这一费时费力的过程，具有操作简便的特点。但是二者在转化机理上还是具有明显的区别：①转基因靶位点不同，花粉管通道法中，转基因靶位点是受精后的合子细胞，外源 DNA 进入细胞的途径是通过花粉管。而花粉介导法中转基因的靶位点是花粉粒。②转化的路径不同，花粉管通道法中，外源 DNA 到达转化靶点的途径是花粉管；而花粉介导法中，外源 DNA 到达转化靶点的途径是通过超声波在花粉壁上形成的瞬间可逆通道。借助超声波处理过程中花粉粒上形成的通道，质粒 DNA 进入花粉粒中，花粉粒通过人工授粉，完成基因转化过程。因此，花粉介导法在转化操作上更容易。

4.2 油菜花粉介导转化体系的建立

芥菜型油菜（*Bassica juncea*），由于具有抗旱、耐热、耐瘠薄、抗裂荚等特点，在我国西部地区尤其是冷凉、高寒地区广泛种植。

4.2.1 实验材料和方法

4.2.1.1 实验材料

供试油菜品种为芥菜型油菜品系：杂 72、杂 74。来源于山西农业大学高寒作物研究所刘根科研究员课题组。

供试质粒为含有草甘膦抗性基因（*aroA-M1*）的 pGRA 1300，质粒图谱见图 4-1。宿主菌为农杆菌菌株 LBA 4404。

4.2.1.2 超声波处理参数选择

（1）超声波处理介质溶液的选择

分别配制浓度梯度为 0 mol/L、0.1 mol/L、0.2 mol/L、0.3 mol/L、0.4 mol/L、0.5 mol/L 的蔗糖溶液，在盛花期取当天开花的花粉，加入这些蔗糖溶液中，30 min 后观察花粉粒的壁破裂和质壁分离等受损害的情况。

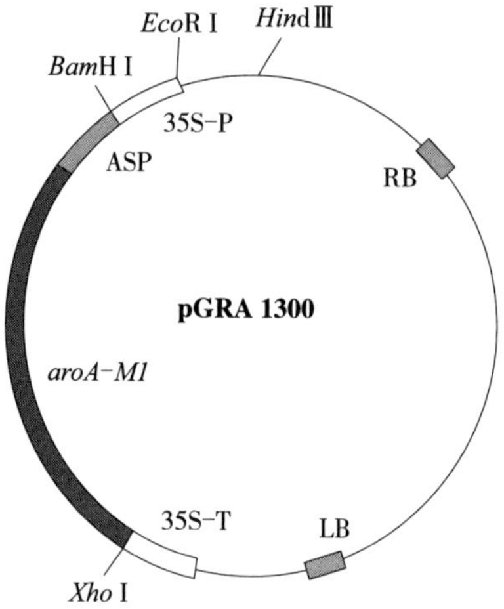

图 4-1 质粒 pGRA 1300 物理图谱

（其中，***aroA-M1*** 为草甘膦抗性基因）

用同样的方法配制浓度梯度为 0 mol/L、0.1 mol/L、0.2 mol/L、0.3 mol/L、0.4 mol/L、0.5 mol/L 的甘露醇溶液，观察花粉粒在甘露醇溶液中的壁破裂和质壁分离等受损害的情况。

（2）超声波处理强度的选择

在盛花期取当天开花的花粉，加入到 0.3 mol/L 蔗糖溶液中进行超声波处理，在处理次数为 8 次，工作时间 5 s，间隔时间 5 s 时，分别采用声强为 0 W、100 W、200 W、300 W、400 W 的超声波处理花粉粒，处理完后在显微镜下观察花粉粒受损害的情况。

4.2.1.3 基因转化方法

供试油菜 2003 年 5 月 15 日在位于山西大同市的山西农业大学高寒作物研究所试验地播种，7 月中旬进入油菜盛花期。在油菜开花的盛花期进行基因转化。转化时前一天 15—17 时选主茎或一次分枝上距基部 10～15 个 1～2 d 内将要开放的花蕾人工去雄，并摘除所选茎或分枝上其他的花蕾，然后套袋。同时在同一品种中，选取第二天将要开放的花序进行套袋，以备第二天取粉用。

第二天上午 9—10 时，取当天开放的套袋植株的花粉约 0.1 g，悬浮在 50 mL 0.3 mol/L 蔗糖溶液中，进行超声波预处理，然后在溶液中加入 1 μg 质粒 DNA，进行超声波处理。超声波处理的各个参数见表 4-2。超声波处理后，在溶液中加入 10 ppm 硼酸，将处理过的花粉授于前一天去雄的油菜柱头上，套袋并挂牌，同时标上授粉花蕾数。自授粉之日起，5～6 d 后去袋，使处理过的授粉株充分发育。

表 4-2 超声波处理参数

	处理强度 /W	工作时间 /s	工作次数 / 次	间隔时间 /s
预处理	300	10	4	8
超声波处理	300	10	4	8

4.2.1.4 转基因材料筛选、鉴定方法

（1）草甘膦抗性实验

在种子萌发时用含有草甘膦的培养基进行筛选。根据种子发芽时有无侧根的发育，以及种子苗的生长情况初步进行筛选。

（2）叶片抗性实验

在转基因小苗长到 5～6 片叶时，取部分转基因植株和非转基因的对照植株叶片，在叶面分别喷洒 0 g/L、2.5 g/L、5.0 g/L、12.5 g/L 和 25.0 g/L 的草甘膦溶液。第 4 d 时统计抗性鉴定结果。

（3）植株喷洒实验

对未进行叶片抗性鉴定的转基因植株，待其长到 6～7 片叶时，进行植株喷洒实验。喷洒浓度为 0.3%，喷洒两次，两次喷洒的间隔时间为 7 d。15 d 时统计抗性鉴定结果。

4.2.1.5 转基因材料的分子生物学检测方法

转基因材料的 PCR 检测方法参考 2.3.2 节的方法进行。

转基因材料的 Western blot 检测参考 3.2.1 节，Western blot 检测 *aroA-M12* 的方法。

4.2.2 超声波转化结果

4.2.2.1 超声波处理介质溶液的选择

用花粉进行转化时，超声波处理需要在溶液中进行，如果将花粉粒直接放在水溶液中，花粉粒将会因失去膨压而破裂，因此要选择一种既能够维持花粉粒正常膨压，又不影响花粉生命力的溶液作为超声波处理的介质溶液。蔗糖在植物组织培养中的作用不仅是能够提供植物生长发育所需要的碳源，而且能够调节培养基中的渗透压。甘露醇也是一种常用的植物渗透压调节剂，与蔗糖具有类似的作用。采用这两种溶液分别实验了花粉在介质溶液中的壁破裂和质壁分离等受损害的情况。表 4-3、表 4-4 分别列出了花粉粒在蔗糖和甘露醇溶液中受损害的情况。图 4-2 是油菜花粉粒（杂 71）在水溶液和不同浓度的蔗糖溶液中花粉粒的形态。

表 4-3　不同浓度的蔗糖溶液对花粉粒形态的影响（杂 71）

蔗糖浓度 /（mol/L）	花粉粒总数	受损花粉总粒数	质壁分离花粉粒数	破裂花粉粒数	平均完好率 /%
0	268	259	0	259	3.51±0.70
0.1	150	70	0	70	50.79±3.88
0.2	176	32	0	32	81.43±1.71
0.3	143	11	1	10	92.91±2.38
0.4	148	37	12	25	74.87±2.81
0.5	197	76	35	41	66.39±1.69

表 4-4　不同浓度的甘露醇溶液对花粉粒形态的影响（杂 71）

甘露醇浓度 /（mol/L）	花粉粒总数	受损花粉粒总数	质壁分离花粉粒数	破裂花粉粒数	平均完好率 /%
0	271	259	0	259	4.33±0.61
0.1	128	66	0	66	48.42±2.14
0.2	114	46	0	46	61.56±3.33
0.3	146	24	16	8	83.02±3.70
0.4	142	42	21	18	69.77±2.54
0.5	143	79	31	53	45.00±4.19

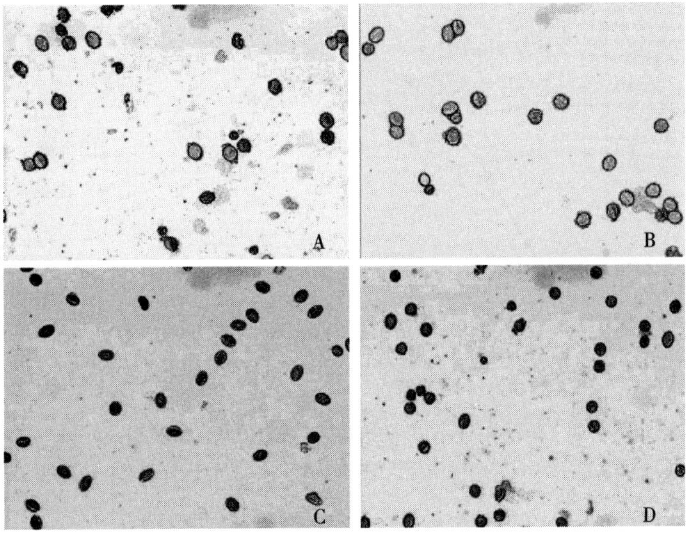

A—水溶液；B—0.2 mol/L 蔗糖溶液；C—0.3 mol/L 蔗糖溶液；D—0.5 mol/L 蔗糖溶液。

图 4-2　花粉粒在水及蔗糖溶液中的受损情况（杂 71）

从表 4-3、表 4-4 的结果可以看出：一定浓度的蔗糖或甘露醇溶液能够维持花粉粒的正常膨压，保持花粉粒结构的完整性，有利于对花粉粒进行转基因操作。当以蔗糖作为介质溶液，在 0.1～0.3 mol/L 时，随着浓度的增加，花粉粒的完好率增加，到 0.3 mol/L 时达到最大平均完好率，为 92.91%。当蔗糖浓度超过 0.3 mol/L 时，随着浓度的增加，受损害的花粉粒增加。此时，在受损害的花粉粒中，出现了质壁分离的花粉粒，说明溶液中溶质浓度过大，影响了花粉粒内、外渗透压的平衡，使得花粉粒失水。而且，随着蔗糖浓度的增加，质壁分离的花粉粒也会增加。

当以甘露醇为介质溶液时，介质溶液浓度对花粉粒形态以及结构完整性的影响与以蔗糖为介质溶液表现出相同的趋势。低浓度时，随着浓度的增加，花粉粒完好率增加，到 0.3 mol/L 时花粉粒完好率达到最大，平均完好率为 83.02%。图 4-2、图 4-3 比较了花粉粒在不同浓度和不同介质溶液中的完好率。由图 4-3 可见，就花粉粒的完好率来说，以蔗糖为介质溶液要优于以甘露醇为介质溶液。而且，蔗糖价格便宜，在经济方面更具有优势。因此，选用蔗糖溶液为介质溶液。

4.2.2.2　超声波强度对花粉粒完整性的影响

超声波在瞬间释放的高能和空化作用，能够在花粉壁上造成瞬间的通道或者诱

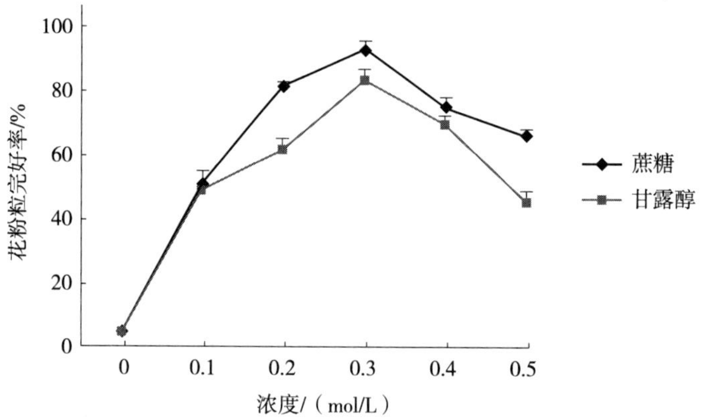

图 4-3　花粉粒在不同浓度蔗糖、甘露醇溶液中的完好率

导花粉粒上的萌发孔处成为瞬间通道，促进溶液中的 DNA 分子进入花粉粒中，使得花粉粒在萌发的过程中，将外源基因转入受体植物中。由于超声波是一种高能的物理波，有很强的穿透力。在利用超声波进行基因转化时，不可避免地会对花粉粒造成一定的损害。因此，对不同超声波强度对花粉粒完好率的影响进行了实验。实验结果表明：随着超声波强度的提高，花粉粒的完好率迅速下降。由图 4-4 可见，当超声波处理强度为 100 W 时，花粉粒的完好率为 87.95%，而当超声波强度增加到 400 W 时，花粉粒的完好率仅为 52.92%。在利用超声波进行基因转化时，既要有大量完好的花粉粒保证转化的群体，又要有一定的超声波强度来保证转化的效果，因此选用具有一定损伤效果的 300 W 作为转化处理的超声波强度。

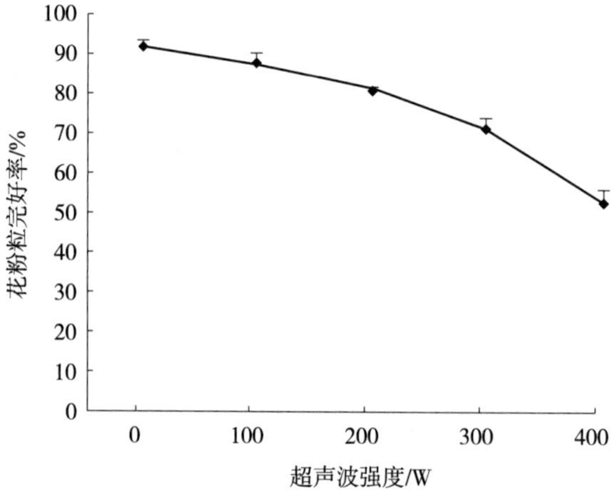

图 4-4　不同强度的超声波处理对花粉粒完好率的影响

4.2.2.3　硼酸处理对花粉粒萌发的影响

油菜花粉粒经过蔗糖溶液和超声波处理后，萌发能力会受到很大影响，为了提高转化后花粉粒的萌发能力，比较了在 25℃，光照培养箱中离体花粉粒萌发时，滴加硼酸（25 mL 溶液中加 10 ppm 硼酸）和不滴加硼酸对花粉粒萌发的影响。实验结果（表 4-5）表明：在蔗糖溶液中加入硼酸后，花粉粒的萌发率提高了 50.96%。说明加入微量的硼酸能显著地提高花粉粒的萌发率。因此，在本书中，转化处理后，授粉之前向花粉溶液（25 mL）中加入 10 ppm 硼酸，能促进转化后花粉粒萌发。

表 4-5　硼酸对花粉粒萌发的作用

蔗糖浓度 /（mol/L）	H_3BO_4	完好花粉粒总数 / 粒	萌发花粉粒总数 / 粒	平均萌发率 /%
0.3	加	307	203	66.22±3.25
0.3	不加	310	47	15.26±1.32

4.2.2.4　超声波处理转化结果

（1）按照 4.2.1 节的转化方法，在油菜开花的盛花期，对油菜品系杂 71 和杂 74 进行了转化，杂 71 共转化 412 朵小花，结实 91 粒。杂 74 共转化 342 朵小花，结实 62 粒。转化后结实情况见表 4-6。

表 4-6　超声波转化后结实情况

品种	授粉小花数 / 朵	结实荚数 / 朵	结实粒数 / 粒	结实率 /%
杂 71	412	58	91	14.08
杂 74	342	42	62	12.28

（2）利用种子萌发抗草甘膦实验筛选转化体

将 91 粒杂 71 品系和 62 粒杂 74 品系的转化种子分别播种在含有 30 mg/L 草甘膦的 MS 培养基上进行种子萌发筛选转化植株。结果从 87 个杂 71 幼苗中筛到 14 个抗性苗。从 59 粒杂 74 转化种子中筛到 9 个抗性苗。抗性苗和敏感苗在培养基上的生长情况见图 4-5。

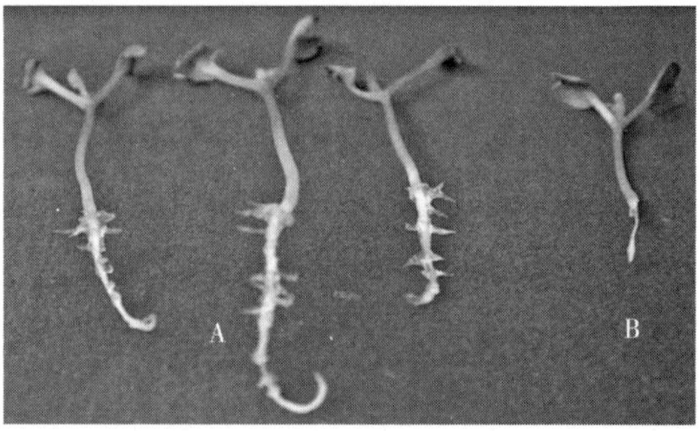

A—抗性苗（转化苗）；B—敏感苗（未转化苗）。

图 4-5　T_1 代种子在含有 30 mg/L 草甘膦的 MS 培养基上萌发（杂 71）

4.2.3　转化体分子生物学鉴定

4.2.3.1　转化体 PCR 分析

对 23 个用种子萌发筛到的抗性苗提取基因组 DNA，按照 2.2.3 节所述方法进行 PCR 扩增分析。结果表明，23 个转化株中 22 株为 PCR 阳性（其中杂 71 上得到 13 株，杂 74 上得到 9 株）。杂 71 部分植株 PCR 扩增结果见图 4-6。

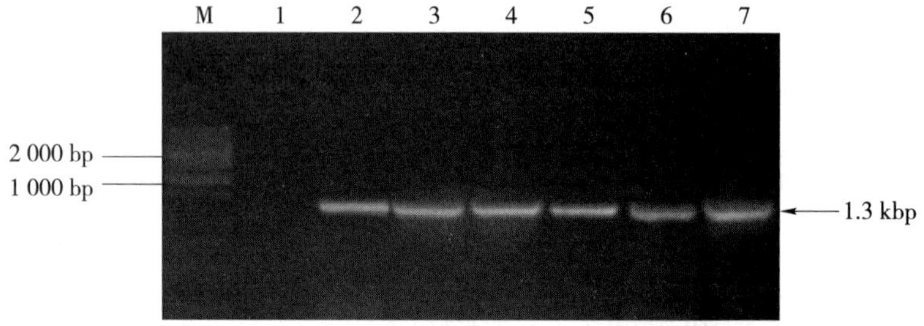

M—分子量标记；1—野生型植株；2～7—转基因植株 ZT-1、ZT-2、ZT-3、ZT-4、ZT-5、ZT-6。

图 4-6　杂 71 部分植株 PCR 扩增结果

4.2.3.2　转化体 Western blot 分析

对获得的 22 个转化体（杂 71 13 株，杂 74 9 株）提取叶片总蛋白，进行 Western bolt 分析。结果表明：22 个转化体的 Western bolt 分析结果均为阳性。说明所转入的 *aroA-M1* 基因已经在油菜组中得到了正确表达。杂 71 部分植株结果见图 4-7。

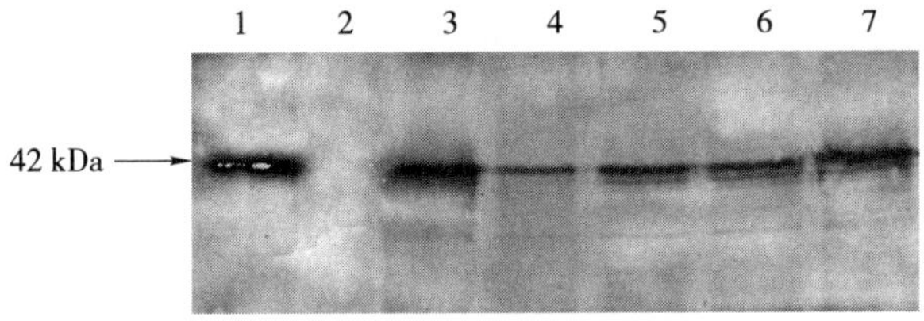

1—野生型植株；2～7—转基因植株 ZT-1、ZT-2、ZT-3、ZT-4、ZT-5、ZT-6。

图 4-7 转基因植株 T_1 代 Western bolt 分析（杂 71）

4.2.4 转基因植株的草甘膦抗性鉴定

4.2.4.1 叶片抗性鉴定

对 13 株杂 71 转基因植株，进行了叶片草甘膦抗性鉴定。鉴定结果表明，转基因植株对草甘膦表现出很好的抗性。与非转基因的对照相比，转基因植株对草甘膦的抗性大幅度增加。虽然不同的转基因植株抗性表现有所不同，但均对草甘膦表现出了抗性。与野生型植株相比，13 个转基因植株中，有 5 个植株叶片草甘膦抗性比对照提高了 10 倍。转基因植株 ZT-2、ZT-5 在不同草甘膦浓度梯度时的抗性结果见图 4-8。

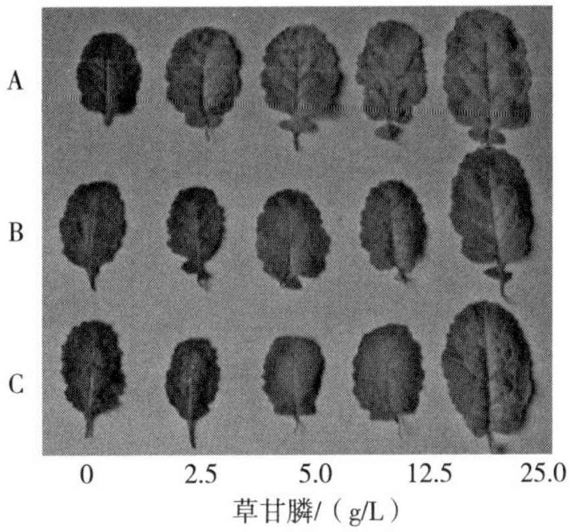

A—野生型植株；B—转基因植株 ZT-2；C—转基因植株 ZT-5。

图 4-8 转基因植株与野生型植株叶片草甘膦抗性比较

4.2.4.2 植株喷洒草甘膦试验

杂 74 转基因植株幼苗长到 6～7 片叶时，对植株喷洒草甘膦，鉴定转基因植株的田间草甘膦抗性水平。植株喷洒草甘膦实验的结果表明，转基因植株在喷洒了草甘膦以后，生长发育没有受到或者较少受到影响，植株能继续生长。而未转基因的对照植株在喷洒了草甘膦以后，很快（喷洒 3～4 d 以后）出现受害症状，一周后死亡。9 个转基因植株中，4 个植株表现为高抗，其余 5 个植株表现为中抗。转基因植株 AT-6 的草甘膦抗性鉴定结果见图 4-9。

图 4-9　转基因植株（AT-6）和野生型植株（WT）草甘膦抗性鉴定

4.2.5　转化后代遗传分析

转基因后代遗传分析采用将 T_1 代种子在含有 30 mg/L 草甘膦的培养基上发芽，10 d 后得到表 4-7 的结果。从表 4-7 的结果可以看出，所有检测的转基因植株外源基因可以遗传给后代，且遗传方式符合孟德尔遗传定律。

表 4-7　T_1 代遗传分析

T_1 株系	检测苗数		分离比		χ^2
	抗性苗	敏感苗	抗性：敏感	期望值	
ZT-1	21	9	2.3：1	3：1	0.178 8*
ZT-2	23	8	2.9：1	3：1	0.010 8*
ZT-3	39	4	9.8：1	15：1	0.262 0*
ZT-4	34	3	11.3：1	15：1	0.016 2*
ZT-6	26	7	3.7：1	3：1	0.090 9*

4.2.6 结论

利用超声波处理的方法，促进溶液中的质粒 DNA 借助超声波产生的高能和空化作用进入花粉粒中。进入花粉粒中的基因片段通过植物受精过程实现基因整合。以上结果说明，利用超声波处理的方法将抗草甘膦基因导入到了油菜品系杂 71 和杂 74 中，通过对转化 T_1 代植株进行草甘膦抗性鉴定和分子检测，外源基因已经成功地导入并整合到油菜基因组中，转入的抗草甘膦基因已经在油菜中得到了正确表达。说明利用超声波处理花粉的方法可以实现油菜基因转化。

4.3 花粉介导法建立高粱遗传转化体系

高粱是我国第五大农作物，在我国东北地区曾经以食用为主，其他地区则主要用作酿造白酒、动物饲料和用作制造生物能源。高粱是高光效作物，同时具备抗旱、耐盐碱等突出特点，在保证国家粮食安全中具有重要作用。高粱外植体难以建立高效的组织培养体系，因而高粱的遗传转化一直受到限制。为此，我们进行了利用花粉介导法转化高粱品系的研究[18]。

4.3.1 实验材料和方法

4.3.1.1 供试材料

实验材料为高粱 A_2V4A 和 A_2V4B。转化质粒为 pBI121。该质粒含有 *GUS* 基因，编码 *β-glucuronidase* 报告基因，同时还含有 *NPTII* 基因，赋予转基因细胞抗遗传霉素 G418 的特性。*GUS* 基因和 *NPTII* 均受 CaMV35S（cauliflower mosaic virus 35 S promoter）启动子和 nopaline synthase 终止子的调控。载体上含有 *Hind* Ⅲ 酶切位点，位于 *NPTII* 基因终止子和 *GUS* 基因启动子之间。

4.3.1.2 转化方法

在高粱盛花期开花当天从 A_2V4B 收集新鲜花粉 0.1g 放于 50 mL 0.3 mol/L 蔗

糖溶液中，并加入 1 μg 质粒 DNA，在质粒加入前后分别进行超声波处理 2 次和 3 次。超声波处理仪为宁波新芝科学仪器研究所 JY92-Ⅱ型超声波细胞粉碎仪。

4.3.1.3 植物总 DNA 提取方法

取两周苗龄的幼苗新生叶片，用 CTAB 法提取叶片总 DNA。提取方法：

①取新鲜植物叶片 0.2 g，在液氮中研磨至粉末状。放入 1.5 mL Eppendorf 管中，加入 600 μL，65℃预热的 2XCTAB 提取液混匀。

②置于 65℃温育 90 min，并不时轻轻转动 Eppendorf 管混匀。

③将加入样品的 Eppendorf 管置于冰上放置至液体冷却至常温，4 000 rpm 离心 5 min。

④取上清液至新的 1.5 mL Eppendorf 管中，加入 500 μL 氯仿：异戊醇（24：1），轻轻混匀，4 000 rpm 离心 5 min。

⑤取上清液至新的 1.5 mL Eppendorf 管中，缓缓加入 350 μL 预冷的异丙醇，轻轻混匀，-20℃放置 2 h。

⑥取出样品，4℃ 12 000 rpm 离心 10 min，弃上清液。

⑦用 300 μL 70% 乙醇洗涤沉淀，4℃ 8 000 rpm 离心 2 min，弃上清液。

⑧重复操作步骤⑥，室温放置晾至乙醇完全蒸发，加入 20 μL TE 缓冲液溶解沉淀，放于冰箱 -20℃备用。

2XCTAB 提取液：50 mmol/L Tris-HCl pH 8.0，0.7 mol/L NaCl，10 mmol/L EDTA pH 8.0，2% CTAB，20 mmol/L β- 巯基乙醇（用前加入）。

TE 缓冲液：10 mmol/L Tris-HCl，1 mmol/L EDTA pH 8.0。

4.3.1.4 PCR 扩增方法

PCR 引物为 *NPTII* 基因特异引物（上游序列：5′-CGACCACCAAGCGAAACATC-3′ 和 5′-CGGGACTCTAATCATAAAAA-3′）。两引物之间片段大小为 948 bp。PCR 程序：94℃预变性 5 min；94℃变性 30 s，55℃退火 45 s，72℃延伸 90 s，循环 30 次。72℃延伸 10 min。

4.3.1.5 Southern Blot 杂交分析

提取叶片总 DNA 15 μg，分别用 *Hin*d Ⅲ酶切，然后进行琼脂糖凝胶电泳或者不酶切直接用总 DNA 进行琼脂糖凝胶电泳，电泳结束后，去除琼脂糖凝胶上多余的部分，将 DNA 转移至尼龙膜上，并与 Dig-dUTP 标记的 *NPTII* 探针进行 Southern blot 杂交。

4.3.2 转化结果

4.3.2.1 优化转化条件

将新鲜 A_2V4B 花粉粒分别放入 0 mol/L、0.2 mol/L、0.3 mol/L、0.4mol/L 的蔗糖、甘露醇、D-山梨醇溶液中，30 min 后观察花粉粒的完好率，结果表明 0.3 mol/L 蔗糖为最佳转化等渗液（花粉粒平均完好率为 85.37%，见表 4-8）。

表 4-8 高粱花粉粒在各种渗透液中的形态变化

溶液	浓度 /（mol/L）	花粉粒总数	破损的花粉粒	质壁分离花粉粒数	破裂花粉粒数	平均完好率 / %
蔗糖	0	200	197	0	197	1.27±1.14
	0.2	235	68	1	67	70.08±4.25
	0.3	231	35	3	32	85.37±4.50
	0.4	259	70	18	52	71.94±2.90
甘露醇	0	167	164	0	164	1.57±1.42
	0.2	270	84	9	75	68.22±2.82
	0.3	287	107	17	90	62.01±2.97
	0.4	277	110	25	85	59.90±3.77
D-山梨醇	0	183	180	0	180	1.38±1.24
	0.2	211	62	5	57	71.08±2.47
	0.3	276	102	20	82	63.49±2.64
	0.4	285	106	28	78	61.97±3.40

当超声波在蔗糖溶液中传播时，由于液体微粒的剧烈振动，会在液体内部产生小空洞。这些小空洞迅速胀大和闭合，会使液体微粒之间发生猛烈的撞击作用，从而产生几千到上万个大气压的压强，从而在花粉壁上造成瞬间的孔洞，有利于溶液介质中 DNA 进入花粉粒中。由于不同强度的超声波所蕴含的能量不同，对花粉壁

的损伤程度也不相同。在功率为 100～400 W，随着超声波强度的增大，花粉粒超声波处理后花粉粒完好率迅速降低。因此选择了花粉粒完好率适中的 200 W 作为基因转化中超声波处理的工作功率。

将处理过的 A_2V4B 花粉粒授于 A_2V4A 的穗子上。授粉 48 h 后取出授粉株的子房，GUS 染色后进行观察，处理 80 个子房，其中 52 个子房观察到蓝色反应（图 4-10A）。说明借助超声波处理，可以将外源 DNA 转入花粉粒中，并借助植物双受精过程将外源基因转入受体细胞。在成熟期，从授粉后的 A_2V4A 上收获种子。开花期共处理 10 个穗子，其中 3 穗结实，共收获 63 粒种子。

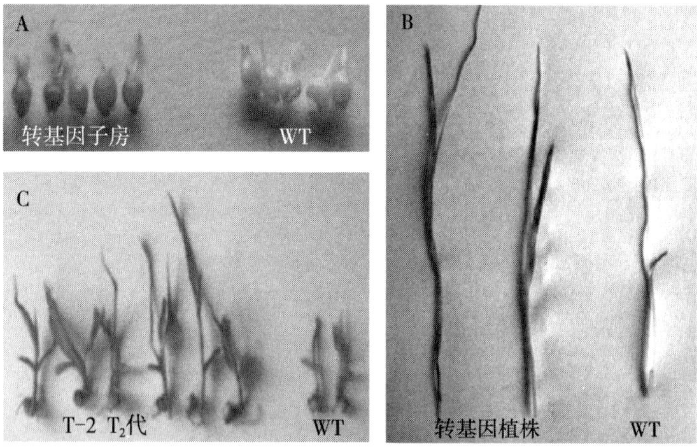

A—转化后子房 GUS 染色结果，左为授粉后 48 h 的转基因子房，右为野生型子房；
B—野生型与转基因 T_1 代幼苗 GUS 染色结果；
C—转基因 T-2 T_2 代种子与野生型种子在含有 75 mg/L G418 的培养基上生长情况。

图 4-10　高粱转化后的子房、植株及转化后代

4.3.2.2　转基因植株分子检测

将收获到的 63 粒种子全部播种，出苗 59 株。随机取其中 20 株幼苗进行 GUS 染色，6 株出现蓝色反应（图 4-10B）。提取剩余 39 株拟转基因植株总 DNA，进行 PCR 检测。PCR 引物为 *NPTII* 基因特异引物（上游序列：5′-CGACCACCAAGCGAAACATC-3′ 和 5′-CGGGACTCTAATCATAAAAA-3′）。39 个幼苗中有 14 个幼苗 DNA PCR 检测为阳性（图 4-11）。

从 PCR 阳性株中随机选取 11 株与野生型植株进行 Southern blot 检测。从图 4-12 中可以看出，所有检测株均为阳性株，外源基因具有 1～3 个拷贝。

这些结果说明外源基因已经插入并整合到高粱基因组中。

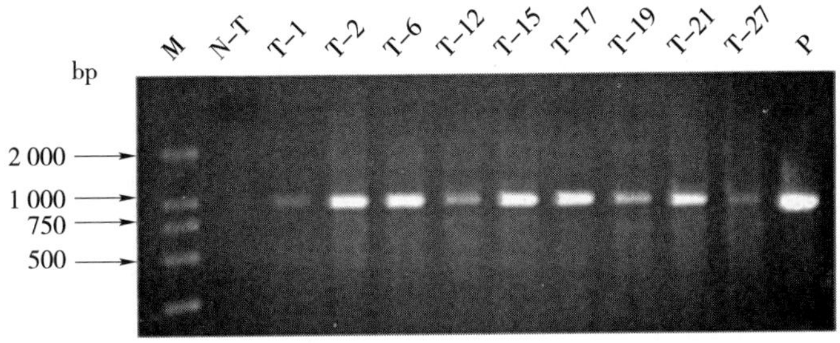

M—分子量标记；N-T—野生型；T-1～T-27—不同的转基因植株；P—质粒 pBI121。

图 4-11　转基因植株与野生型植株 PCR 扩增结果

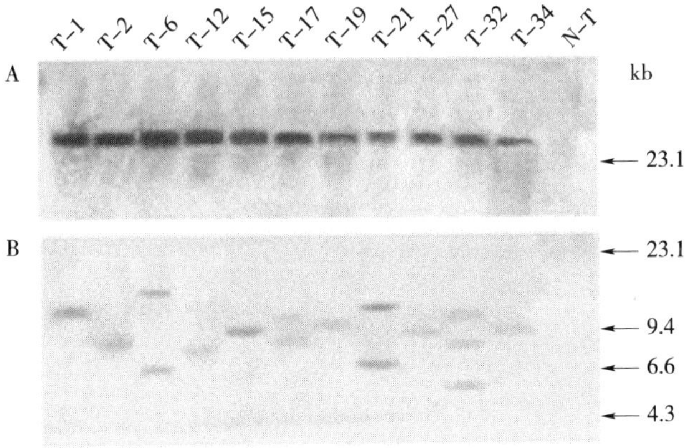

A—总 DNA 未酶切；B—总 DNA 经 *Hind III* 酶切。
N-T 为野生型植株，其余为不同的转基因植株。

图 4-12　转基因植株的 Southern blot 检测结果

4.3.2.3　遗传稳定性分析

已经整合到高粱基因组上的外源基因是否可以稳定地遗传给后代？为了回答这个问题，我们随机选择了 T-1、T-6、T-15、T-17、T-27 株系的 T_2 代种子在含有 75 mg/L G418 的 MS 培养基上发芽。10 d 后观察幼苗和根系的发育情况。结果发现，野生型和不含有外源基因的幼苗，苗小，仅有一条很小的主根，没有侧根生长；而转基因植株苗则生长正常，有侧根发育，表现出明显的对 G418 的抗性（图 4-10C、表 4-9）。从表 4-9 中可知，转基因植株中外源基因可以按照孟德尔遗传定律稳定遗传。说明花粉介导法可以介导植物基因转化，转基因性状可以稳定遗传。

表 4-9 *NPTII* 基因在转基因 T_2 代的分离情况

株系	幼苗总数		R：S 比	R：S 期望值	χ^2 值[a]
	抗性苗（R）	敏感苗（S）			
T-1	18	12	1.5：1	1：1	0.833 3[b]
T-6	27	7	3.9：1	3：1	0.156 9[b]
T-15	21	17	1.2：1	1：1	0.236 8[b]
T-17	31	9	3.4：1	3：1	0.033 3[b]
T-27	18	16	1.1：1	1：1	0.029 4[b]

注：[a] 所有的 χ^2 值表明差异不显著（$p\leqslant0.05$）；

[b] T-6、T-7 为自交株，其余为 T_0 代植株与野生型 A_2V4B 的回交株。

4.4 花粉介导的玉米转化体系的建立

4.4.1 材料与方法

4.4.1.1 实验材料

受体材料为玉米自交系 Tai 9101 和 Zhong 31。

转化基因为 pGLⅡ-RC-1，见图 4-13。pGLⅡ-RC-1 含有一个几丁质酶基因（*Chit*）和一个选择标记 *hph* 基因，*hph* 为潮霉素抗性基因。*Chit* 基因片段大小为 1.1 kb。

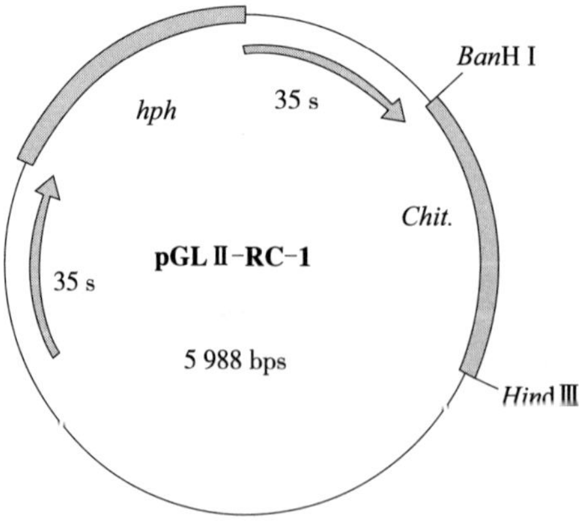

图 4-13 pGLⅡ-RC-1 图谱

4.4.1.2 转化方法

玉米自交系种植在山西省太原市。4 月下旬播种，7 月上中旬开花。玉米穗在吐丝前套袋。在开花当天上午采集新鲜花粉 0.3 g 放置于 20 mL 5% 蔗糖溶液中，并与 1 μg 质粒 DNA 混合。加入质粒 DNA 前后分别进行 4 次超声波处理。超声波处理的参数为声强 300 W，处理时间 5 s，间隔 10 s。处理过的花粉授于玉米雌穗上。玉米成熟期收获转化处理的种子。

（1）转基因分子检测方法

PCR 扩增：收获种子后次年春天播种，用 CTAB 法提取幼苗叶片总 DNA。根据几丁质酶基因序列，设计几丁质酶特异引物 Primer 1-F 5′-GCGGTGGTGGCCATGGCGGT-3′ 和 Primer 1-R 5′-GGGCCTCTGGTTGTAGCAAT-3′ 扩增几丁质酶转基因片段，片段大小为 923 bp。PCR 扩增程序为 94℃预变性 5 min; 94℃变性 30 s，50℃退火 30 s，72℃延伸 90 s，循环 30 次。72℃延伸 10 min。

（2）PCR-Southern 杂交

用 PCR Dig 探针合成试剂盒，引物 Primer 2-F 5′-GCTCCACCTCCGATTACTGCAAT-3′ 和 Primer 2-R 5′-GCGTTGCCGTTGTTCTCCTC-3′，含有标记的 Dig-dUTP，合成 376 bp Dig 标记的 PCR-Southern Blot 探针。

提取转基因植株和野生型植株总 DNA，以几丁质酶特异引物 Primer 1-F/Primer 1-R 进行 PCR 扩增。PCR 产物经 1.2% 琼脂糖凝胶电泳分离，碱变性转移到尼龙膜上，按照地高辛 DNA 标记和检测试剂盒杂交程序进行 PCR-Southern 杂交，CSPD 荧光显色，X 射线胶片曝光。

4.4.2 实验结果

4.4.2.1 蔗糖溶液浓度选择

在玉米开花期上午 10 点左右取花粉，分别悬浮于 0.146 mol/L、0.292 mol/L、0.438 mol/L 和 0.584 mol/L 蔗糖溶液中。将含有花粉的溶液在 4℃中保存约 5 h，然后在光学显微镜下观察花粉的变化。结果如表 4-10 所示。从表中可以看出，蔗糖溶液对花粉粒与溶液之间的水分交换有一定的保护作用。花粉在 0.146 mol/L 蔗糖溶液中保存效果最好，但随着蔗糖浓度的增加，花粉粒破损率增加。当蔗糖浓度达到 0.584 mol/L 时，68.4% 的花粉粒受到伤害。因此，选择 0.15 mol/L 蔗糖溶液作为花粉介导转化的介质溶液。

表 4-10　不同浓度蔗糖溶液中花粉粒的变化

蔗糖浓度 /（mol/L）	花粉粒数	花粉质壁		破壁花粉		花粉粒破损率 /%
		分离数	占总数 /%	粒数	占总数 /%	
0.146	82	2	2.4	0	0	2.4
0.292	59	20	33.9	7	11	45.8
0.438	47	15	37.9	8	17.0	54.9
0.584	57	6	10.5	33	57.9	68.4
0	98	5	5	92	93.88	100

4.4.2.2　超声波强度选择

通过超声将质粒 DNA 导入花粉。然后，用超声波处理过的花粉进行授粉。由于超声波的强度可能会影响花粉的活力，因此我们研究了不同超声波强度对玉米花粉的损伤程度。结果列在表 4-11 中。

表 4-11　不同强度超声处理后花粉粒的变化

蔗糖浓度 /（mol/L）	超声强度 /W	处理花粉数	花粉质壁		破壁花粉		花粉粒破损率 /%
			分离数	占总数 /%	粒数	占总数 /%	
0.15	200	101	32	31.7	8	7.9	39.6
	300	52	20	38.5	5	9.6	48.1
	400	71	30	42.3	6	8.5	50.8
	0	43	13	30.2	3	7.0	37.2

注：所有超声处理均为 8 次，一次工作 5 s，每次间隔 10 s。

从表 4-11 中可以看出，超声处理对花粉粒有一定的损伤作用。损伤程度与超声强度有关。随着辐照强度从 200 W 增加到 400 W，花粉破损率从 39.6% 上升到 50.8%。我们认为，为了促进质粒 DNA 进入花粉，需要一定的声强，因此本研究采用 300 W 的声强。

4.4.2.3 转化结果

对 34 个玉米穗进行了处理，其中 6 个穗结实，种子数为 1～20 粒，共收获 32 粒种子。这些种子于次年玉米正常播期播种。当玉米植株生长到 5～6 片叶子时取幼叶。从叶片中提取总 DNA，进行分子检测。

4.4.2.4 DNA 斑点杂交及 PCR 扩增结果

随机取 13 株 T_1 代植株的总 DNA，用斑点杂交法进行检测，其中 6 株为阳性，野生型为阴性。

对斑点杂交阳性的 T_1 代植株 Tai9101-3、Tai9101-11、Tai9101-18、Zhong31-4、Zhong31-2 和 Zhong31-1 的总 DNA 进行 PCR 扩增。24 株植株中有 19 株为阳性植株。图 4-14 显示了部分 PCR 分析结果。

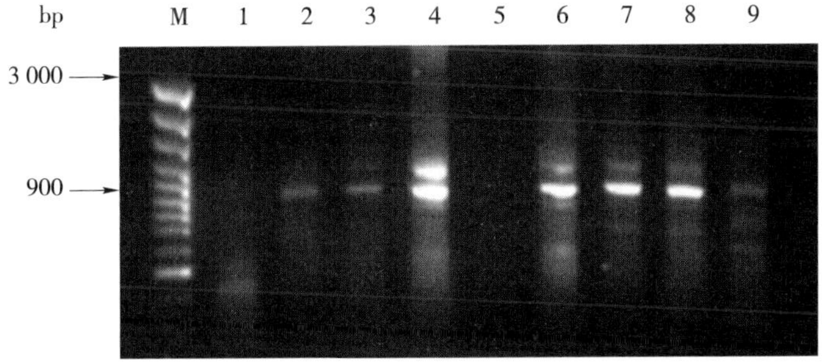

M—分子量标记；1—野生型植株；2～8—不同转化单株；9—质粒 DNA。

图 4-14 转基因植株 PCR 扩增结果

15 株 PCR 阳性株进行 PCR-Southern 杂交，7 株为阳性。

4.4.2.5 幼苗抗潮霉素实验

将转化后的 T_2 代玉米种子和野生型种子分别在 25 mg/L 潮霉素溶液中进行黑暗萌发筛选。转化种子在筛选压力下能萌发，并产生正常的根和芽，而野生型种子萌发缓慢，根系发育受到明显抑制，最终死亡（图 4-15）。

以上结果说明，花粉介导转化方法可用于玉米的遗传转化。

注：种子在含有 25 mg/L 潮霉素溶液中发芽。

图 4-15　转基因（右）和野生型（左）

4.5　花粉介导的大豆遗传转化

4.5.1　实验材料和方法

实验材料为大豆材料 W82、JD19、JD20。

转化质粒为 pCaMBIA1304。该质粒含有 *GUS* 基因，编码 β-葡萄糖苷酸酶。β-葡萄糖苷酸酶为一水解酶，相当稳定而不易降解。适宜的反应条件下，β-葡萄糖苷酸酶（GUS）可将 X-Gluc 水解成蓝色物质。

GUS 染色方法：按下述方法配制 GUS 染色液，将样品加入 GUS 染色液中，用锡箔纸包裹，放置于 37℃，12～16 h，观察蓝色反应。GUS 染色液配制方法见表 4-12。

表 4-12　GUS 染色液成分

试剂（母液浓度）	体积（1 mL）/μL	终浓度
ddH_2O	830	—
1 mol/L 磷酸钠（pH 7.0）	100	0.1 mol/L
0.5 mol/L EDTA，pH 8.0	20	10 mmol/L
10% Triton X-100	10	0.1（*V*/*V*）
50 mmol/L 铁氰化钾	20	1 mmol/L
0.1 mol/L X-Gluc（50 mg/mL）in DMF	20	2 mmol/L

4.5.2 花粉介导法将 *GUS* 基因转入大豆基因组

4.5.2.1 超声波处理最佳花粉悬浮液的确定

大豆花粉直接与 DNA 溶液混合后，由于吸水膨胀而迅速失去活力。为了在超声波作用下保持花粉的正常膨压，必须选择一种合适的介质溶液。因此，我们对不同渗透剂对大豆花粉粒的保护作用进行了实验。结果表明，蔗糖、D–山梨醇和甘露醇能显著保护花粉免受渗透损伤。不同渗透剂处理后的花粉平均萌发率不同。甘露醇在 0.3 mol/L 时萌发率最高（28.02%），蔗糖在 0.2 mol/L 时萌发率最高（25.94%），D–山梨醇在 0.3 mol/L 时萌发率最高（23.82%）。在随后的转化实验中，我们使用 0.3 mol/L 甘露醇作为花粉悬浮液。

4.5.2.2 转基因花粉的瞬间表达

大豆开花当天上午，取花雄蕊，采集新鲜花粉粒。经超声波处理后，用花粉粒给柱头授粉。部分处理后的花粉粒在甘露醇溶液中培养。培养 6 h 后，用 X–Gluc 染色分析花粉粒中 GUS 活性的瞬时表达。结果表明，经超声波处理和培养后，花粉粒染成蓝色，而未经处理的野生型花粉粒保持无色，表明外源 *GUS* 基因通过超声波处理进入花粉，并在花粉粒和花粉管中表达。

4.5.2.3 转基因植株的稳定表达分析

本书用超声处理的花粉粒对 445 株大豆花朵进行授粉，获得 121 粒结实种子，其中 W82 品种 55 株、JD 19 品种 56 株、JD 20 品种 10 株。将这些种子分别收获后种植在盆栽中，对其幼叶进行总 DNA 提取和 *GUS* 转基因检测。PCR 扩增结果显示，在 42 株 W82 和 34 株 JD19 植株中，分别有 12 株和 7 株在转基因检测中呈阳性。

随机抽取 9 份 PCR 阳性样本进行 Southern 杂交分析。在 9 株幼苗中，至少有 5 株表现出强烈而清晰的 *GUS* 基因阳性信号，表明 *GUS* 基因已整合到大豆基因组中。在阳性样品中，W42G6 有两条不连续的条带，而 W34G3、W23G5、W18G5、W03–4G3 和质粒控制只有一条带。其他样品和野生型的条带较少或无明显条带。

这些结果表明，外源基因可以通过温和超声处理的方式导入大豆。

4.5.2.4 蛋白表达分析

转化质粒中分别含有 *GUS* 和 *GFP* 基因。用组织化学方法对 5 个转基因阳性品系和野生型的后代叶片进行了 GUS 蛋白的稳定表达分析。除野生型外，所有转基因品系均观察到蓝色反应蓝色信号在不同品系的叶片中有所不同，表明不同转基因植株的 *GUS* 基因表达水平存在差异。

4.5.2.5 转化效率

根据核酸和蛋白质表达分析结果，平均转化效率为 13.7%。

4.6 利用花粉介导法进行植物基因转化的优势

①利用花粉作为载体介导外源基因转化，避免了传统的农杆菌共培养法和基因枪转化法所要求的组织培养技术，具有所用仪器设备简单，易操作，耗资较少等特点。

②以整体植物的花粉粒为受体的外源基因导入技术，比以离体细胞或原生质体为受体的导入方法简便实用，可以在大田、盆栽或温室中进行。并且，导入外源 DNA 的合适时间也易于掌握，同时这项技术除了超声波处理仪外，不需要其他特殊仪器，是一种经济实用的植物转基因方法。

参考文献

[1] 王关林 . 植物基因工程原理与技术 [M]. 北京：科学出版社，1998.

[2] 高建强，梁华，赵军 . 植物遗传转化农杆菌浸花法研究进展 [J]. 中国农学通报，2010，26(16): 4.

[3] Vesna, Katavic, George, et al. In planta transformation of *Arabidopsis thaliana*[J]. Molecular & General Genetics MGG, 1994, 245(3): 363-370.

[4] Curtis I S, Nam H G. Transgenic Radishh (*Raphanus sativus* L. *longipinnatus* Bailey) by floral-dipmethod-plant development and surfactant are important in optimizing transformation efficiency[J]. Transgenic Research, 2001, 10: 363-371.

[5] 徐光硕，饶勇强，陈雁，等 . 用 in planta 方法转化甘蓝型油菜 [J]. 作物学报，2004，30(1): 1-5.

[6] 孔青，丰震，刘林，等 . 外源 DNA 导入花粉管通道技术的发展和应用 [J]. 分子植物育种，2005(1): 113-116.

[7] 侯文胜，郭三堆，路明 . 利用花粉管通道法获得转雪花莲凝集素基因 (*sgna*) 小麦 [J]. 植物学通报，2003，20(2): 7.

[8] 侯文胜，郭三堆，路明 . 利用花粉管通道法将 *cry Ia* 基因导入小麦 [J]. 作物学报，2003，29(6): 806-809.

[9] 武小霞，刘伟婷，刘琦，等 . 利用花粉管通道法将抗虫基因 (*cryV*) 转入大豆的研究 [J]. 大豆科学，2010，29(4): 565-568.

[10] 王立新，常利芳，段绍光，等 . 通过花粉管通道导入外源 DNA 创造抗白粉病小麦新种质 [J]. 中国农业科学，2003(12): 1576-1581.

[11] 王秀君，郎志宏，陆伟，等 . 利用花粉管通道法将耐草甘膦基因 *mG2-epsps* 导入玉米自交系的研究初报 [J]. 中国农业科技导报，2008，10(4): 7.

[12] 章力建，陈乐玫，袁静，等 . 超声波法直接导入外源基因—高效烟草转化系统的建立 [J]. 中国农业科学，1991，24(2): 7.

[13] 张宏，王国英，谢友菊，等 . 超声波介导法转化玉米愈伤组织及可育转基因植株的获得 [J]. 中国科学：生命科学，1997，27(2): 162-167.

[14] 许宁，赵南明，张宏，等 . 超声波诱导小麦幼胚基因转移 [J]. 自然科学进展，1994(004): 7.

[15] Ohta Y. High-efficiency genetic transformation of maize by a mixture of pollen and exogenous DNA[J]. Proc Natl Acad Sci U S A, 1986, 83(3): 715-719.

[16] 王景雪，孙毅，崔贵梅，等 . 花粉介导法获得玉米转基因植物株 [J]. 植物学报：英文版，2001，43(3): 275-279.

[17] Wang J, Li Y, Liang C. Recovery of transgenic plants by pollen-mediated transformation in *Brassica juncea*[J]. Transgenic Res, 2008, 17(3): 417-424.

[18] Wang W, Wang J, Yang C, et al. Pollen-mediated transformation of *Sorghum bicolor* plant[J]. Biotechnol Appl Biochem, 2007, 48: 79-83.

[19] Yang L, Cui G, Wang Y, et al. Expression of foreign genes demonstrates the effectiveness of pollen-mediated transformation in *Zea mays*[J]. Front Plant Sci, 2017, 8: 383.

[20] Zhou G Y, Jian W, Zeng Y, et al. Introduction of exogenous DNA into cotton embryos[J]. Enzymology, 1983, 101(6): 433-481.

[21] 邓德旺，郭三堆，杨志民 . 棉花花粉管通道法转基因的分子细胞学机理研究 [J]. 中国农业科学，1999，32(6): 2.

[22] 洪德峰，张学舜，刘俊恒，等 . 花粉管通道法在玉米转基因中的应用 [J]. 中国种业，2009(4): 11-13.

[23] 刘国权，孟巧霞，倪进斌，等 . 水稻花粉管通道法育种研究 [J]. 中国农学通报，2003，19(5): 75-77，102.

[24] 马盾，黄乐平，黄全生，等 . 提高棉花花粉管通道法转化率的研究 [J]. 西北农业学报，2005，14(1): 10-12.

5 RNAi 技术及其应用

5.1 RNAi 技术

RNA 干扰（RNA interference，RNAi）是指内源性或外源性双链 RNA（double-stranded RNA，dsRNA）引起其同源 mRNA 特异性降解，并且导致目的基因的表达受到抑制，在功能表型方面也产生相应缺失的现象[1]。RNAi 技术可以特异性地降低甚至关闭靶基因的表达，且该技术方便、快捷。RNA 干扰基因沉默特异性强、效率高，是近些年发展较为迅速的一种分子生物学技术[2-3]，目前这一技术已广泛应用于基因功能研究、生物技术育种、农业害虫的生物防治等领域。

1995 年，Guo 等在秀丽隐杆线虫（*Caenorhabditis elegans*）中首次发现了 RNAi 现象[4]。1998 年，Fire 等将这一抑制现象命名为 RNAi[5]。RNAi 被陆续发现存在于植物、动物及微生物中，是一种机体抵御外来病菌侵染的重要保护体制[6]。

RNA 干扰技术在基因功能探索、基因治疗，以及植物学等各个领域都有应用[7]，其中在植物学中的运用已颇见成效。如利用 RNA 干扰技术，Segal 等在玉米中成功对醇溶蛋白基因进行了敲除，获得了富含赖氨酸的玉米植株[8]。在拟南芥中，Chuang 等通过 RNAi 技术研究了花发育相关基因（*AGAMOUS*、*CLAVATA3*、*APETALA1*、*PERIANTHIA*）间的遗传关系[1]。Shi 等发现干扰 *BnFAE1* 基因表达后，油菜芥酸的含量降低，而多不饱和链脂肪酸的含量则升高[9]。Tian 等研究发现 FAD2-RNAi 转基因植株后代的油酸含量显著提高[10]。Jung 等通过 RNAi 技术发现芥菜型油菜中 *SP11/SCR* 基因被沉默后，植株的自交亲和特性消失[11]。目前，RNAi 技术在植物功能解析和新品种培育方面起着重要作用。

5.2 利用 RNAi 技术解析油菜 *HXK9* 基因功能[12]

糖代谢是植物体内的主要代谢过程，葡萄糖只有经过己糖激酶（*HXK*）催化成葡萄糖 -6- 磷酸后才能进入糖酵解途径，为植物体的生长发育和代谢活动提供物质和能量。通过高油 / 低油近等基因系转录组测序发现 *HXK9* 在脂肪酸代谢中有重要的作用，利用 RNA 干扰技术构建 RNAi 载体，利用花粉介导法将 RNA 干扰的 *HXK9* 基因转入甘蓝型油菜品系 7B 中，对 *HXK9* 基因的功能进行研究。生物信息学的研究发现：甘蓝型油菜中共有 19 个 *HXK* 同源基因，分别位于 AA、CC 染色体组的 13 条染色体上，其中 *HXK9* 位于 A06 染色体上。

5.2.1 材料和方法

5.2.1.1 实验材料

甘蓝型油菜 7B 来源于山西农业大学棉花研究所油菜课题组。实验材料种植于山西农业大学棉花研究所（山西省运城市）试验地。

载体构建：用于基因转化的外源质粒是携带有目的基因的 pCaMHXK9-RNAi 质粒（图 5-1）。该质粒上 T-DNA 区含有植物筛选标记基因 *NPT*Ⅱ基因，报告基因 *GUS* 基因和用于干扰油菜 *HXK9* 基因表达的含有部分 *HXK* 基因（200bp）的双链 RNA 序列。

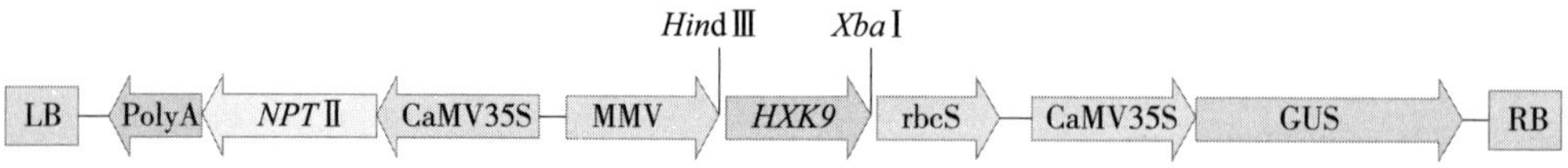

图 5-1 pCaMHXK9-RNAi 质粒的线性图谱

GUS 标记基因可编码 β-葡萄糖苷酸酶（β-glucuronidase），用于 RNAi 转基因植株的鉴定；*NPT*Ⅱ为卡那霉素抗性基因，受 CaMV35S 启动子调控，PolyA 为其终止子。酶切位点 *Hind*Ⅲ和 *Xba*Ⅰ为双链 RNA 的插入位点。

5.2.1.2 油菜植株的转化方法

油菜植株的转化方法基本同 4.2.1 节。

5.2.1.3 转基因植株检测方法

PCR 检测：在油菜植株生长到 5～6 片叶时，提取幼嫩叶片的 DNA，以 *GUS* 基因的特异引物，引物 1-F：5′-GTGAATCCGCACCTCTG-3′ 和引物 1-R：5′-ATCGCCGCTTTGGACATA-3′ 进行 PCR 扩增，鉴定转基因植株。

5.2.1.4 RNA i 植株鉴定

采用 *BnHXK9* 基因中 RNAi 的区段，设计特异引物，利用 qPCR 方法检测转基因植株中 *BnHXK9* 基因的转录水平，确定出 RNAi 植株。

5.2.1.5 基因功能分析

种植野生型植株和转基因植株，在转基因植株生长阶段，采用与野生型表型比较的方法，初步鉴定 *HXK* 基因的功能。

5.2.2 花粉介导法获得 HXK9-RNAi 转基因植株

采用花粉介导法对盛花期植株进行 pCaMHXK9-RNAi 质粒的转化。转化前期，选取即将开花的花蕾去雄，套袋。于第二日上午 9 点左右取花粉约 0.5 g，置于 50 mL 0.25 mol/L 蔗糖溶液中，待第一次超声波预处理后，加入 2 μg 质粒 DNA 进行第二次超声波处理，超声波处理参数为超声波强度为 200 W，超声波工作时间为 5 s，间隔时间为 10 s。在加入质粒前后各处理 4 次。将处理过的花粉授于去雄的雌花柱头上，套袋并标记，同时记录授粉花蕾数。5～6 d 后去袋，待其成熟后收获种子。2015 年 4 月，采用花粉介导法将含有目的基因 *HXK9* 的 RNAi 型质粒转入甘蓝型油菜品系 7B 中，并在当年 5 月收获种子。油菜开花期，油菜转化中共去雄小花总数 295 个，结果荚数 63 个，结果荚率为 21.36%，其中收获种子 221 粒。

5.2.2.1 油菜转基因植株的鉴定

2015 年 11 月，从收获的拟转基因 T_0 种子中选取了 129 个颗粒饱满的油菜种子播种于温室，待幼苗长出 5～6 片真叶时，利用 CTAB 法提取野生型和拟转基因植株总 DNA。共提取到 120 份 DNA 样品进行 PCR 检测。RNAi 质粒载体上含有

GUS 标记基因，通过 Primer Premier 5.0 设计 *GUS* 标记基因的引物。通过 PCR 扩增检测样品基因组 DNA 中的 *GUS* 标记基因，进行油菜植株的 RNAi 鉴定。PCR 扩增检测结果表明，42 个为转基因植株，38 个植株收获 T_1 种子。

5.2.2.2　转基因植株 *HXK* 基因表达量鉴定（RNA i 植株鉴定）

2016 年 7 月，T_1 幼苗置于生化培养箱中进行春化处理 4℃，16 h 光照、8 h 黑暗生长 28 d，然后种植于温室，利用 qPCR 扩增进行油菜植株的 RNAi 鉴定。提取野生型和 T_1 代 RNAi 植株的 RNA，反转录成 cDNA，利用 *HXK9* 基因特异引物，进行 qPCR 扩增，检测不同转基因植株的 *HXK9* 基因表达量，部分结果见图 5-2。由图 5-2 可以看出，所有的转基因植株，*HXK9* 基因的表达量均低于野生型，说明在转基因植株中，*HXK9* 基因的 RNA 转录受到一定程度的影响。不同的转基因植株受到影响有所不同。其中，BT1-7、BT9-9、BT11-9 等 *HXK9* 基因受抑制的程度较高。将野生型植株中 *HXK9* 基因的表达量设定为 1，其中 RNAi 植株 BT1-7 中 *HXK9* 基因的表达量最低为 0.236，RNA 干扰程度最大为 76.4%；BT1-20 植株中 *HXK9* 基因的表达量最高为 0.669，RNA 干扰程度最小为 33.1%。

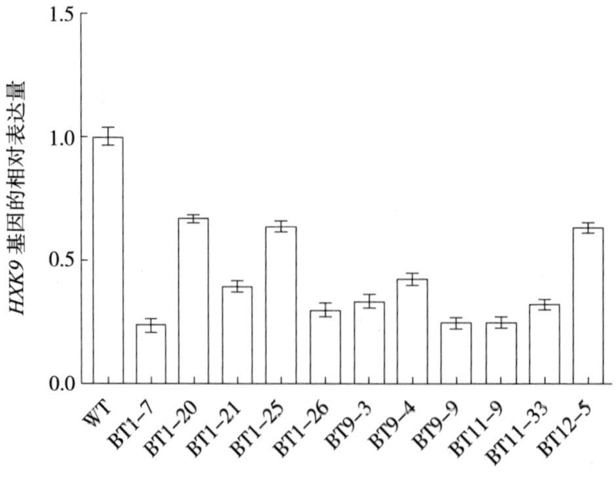

WT—野生型植株；BT—RNAi 植株。

图 5-2　*HXK9* 基因的相对表达量

5.2.2.3 RNAi 植株遗传分析

油菜 RNAi 植物中 *GUS* 基因的分离比如表 5-1 所示。从表 5-1 中我们可以看出，RNAi 株系 BT2-1、BT2-10 和 BT2-11 中显示出 *GUS* 基因预期的 3∶1（RNAi∶非 RNAi 植物）的分离比，这就意味着 RNAi 株系 BT2-1、BT2-10 和 BT2-11 为杂合子。而在 RNAi 株系 BT2-9 和 BT2-12 中的 T_2 RNAi 植株基本都表现为 GUS 阳性，这意味着 RNAi 株系 BT2-9 和 BT2-12 为纯合子。RNAi 植株后代的遗传表现符合孟德尔遗传规律。

表 5-1 T_1 RNAi 油菜植株中 *GUS* 基因的分离

RNAi 株系	RNAi	非 RNAi	RNAi∶非 RNAi	预期比值	χ^2 值
BT2-1	29	8	3.6∶1	3∶1	0.088 1
BT2-9	11	1	11∶1	纯系	—
BT2-10	30	9	3.3∶1	3∶1	0.011 1
BT2-11	26	9	2.9∶1	3∶1	0.009 5
BT2-12	13	0	纯系	纯系	—

5.2.3 HXK9-RNAi 抑制油菜的生长发育

将收获种植转基因 T_1 代幼苗播种后，发现野生型幼苗比 RNAi 幼苗早 2～3 d 长出真叶（图 5-3）。RNAi 植株不仅出真叶较野生型慢，而且生长发育也受到影响。与野生型相比，RNAi 植株矮小，生长速率小（图 5-4）。

WT—野生型幼苗；BT9-3、BT9-4、BT9-9—RNAi 幼苗。

图 5-3 野生型和 RNAi 种子萌发实验

图 5-4　野生型和 RNAi 植株苗期（左）和生长期（右）的植株

5.2.4　RNAi 植株表型变化

在野生型植株和 RNAi 植株的生长发育过程中，观察发现 RNAi 植株的株型比野生植株的株型矮小（图 5-4）；RNAi 植株叶子的形状比野生型植株的叶子更加卷曲；RNAi 植株的花器官发育不良，出现了一些全部败育和部分败育的情况，较难收获发育正常的种子；RNAi 植株比野生型植株较早现蕾，如 RNAi 植株 BT1-21 现蕾时间最早，比野生型植株提前现蕾 41 d，RNAi 植株 BT1-25 比野生型植株提前现蕾 23 d；RNAi 植株的种子种皮颜色为黑色、颗粒不饱满、颗粒较小，野生型植株的种子种皮颜色为棕色、颗粒饱满、颗粒较大，野生型植株的千粒重比 RNAi 植株的千粒重高 162.94%～212.86%，野生型植株收获的种子的千粒重为 5.109 g，RNAi 植株 BT1-21 收获的种子的千粒重为 1.633 g，RNAi 植株 BT1-25 收获的种子的千粒重为 1.943 g。

实验结果表明：*HXK9* 基因在油菜植株的生长发育过程中有非常重要的作用。RNA 干扰植株中 *HXK9* 基因的正常表达后，RNAi 植株的生长发育受到一定程度上的抑制。

5.2.5　其他同源基因的相对表达量

HXK9a 基因与 *HXK1b*、*HXK2a*、*HXK3a* 为同源基因，通过基因工程手段人为干扰 *HXK9a* 基因的表达后，qRT-PCR 结果表明（图 5-5），所有测定的 RNAi 植株中 *HXK9* 基因，即 *HXK9a*、*HXK1b*、*HXK2a*、*HXK3a* 基因的表达量均显著降低。由此得出 *HXK9a* 与 *HXK1b*、*HXK2a*、*HXK3a* 的基因序列同源性较高，它们的基因功能也存在较高的一致性，在植物体内这些同源基因的表达是相互影响的。

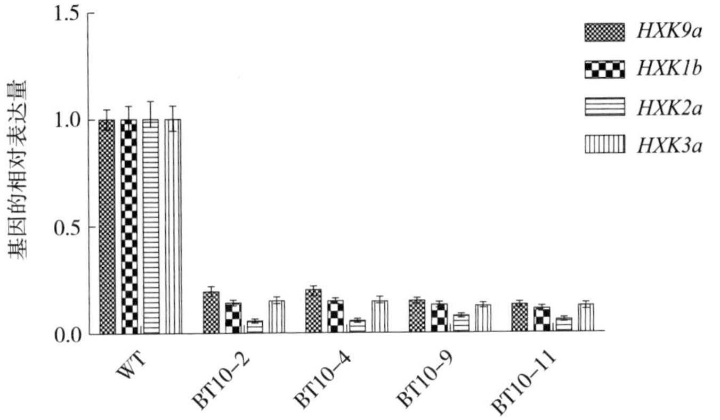

WT—野生型植株；BT—RNAi 植株。

图 5-5 野生型和不同 RNAi 植株的 *HXK9a*、*HXK1b*、*HXK2a*、*HXK3a* 基因的相对表达量

从以上的研究结果可知，*HXK9* 在调控油菜生长中具有重要作用。*HXK9* 与 *HXK1*、*HXK2* 和 *HXK3* 基因在调控植物生长上具有保守性。

5.3 RNAi 技术解析油菜 *GPAT19* 基因在植物抗病防御中的功能[13]

甘油 -3- 磷酸酰基转移酶（GPAT）是催化三酰甘油合成和酰基脂质代谢的关键酶，与植物体内脂质的合成和代谢密切相关。在拟南芥中，*AtGPATs* 在萼片、花瓣、果实角质层合成中起着重要作用，并且与肼胝质和花粉发育有关。但是，对油菜中 *BnGPATs* 的功能却鲜有研究。利用 RNAi 技术构建了与 *AtGPAT6* 同源的 *BnGPAT19* 基因的 RNAi 载体，利用花粉介导转化法将其转入甘蓝型油菜中，对 *BnGPAT19* 的功能进行初步研究。

5.3.1 实验材料和方法

5.3.1.1 实验材料

甘蓝型油菜 7B 来源于山西农业大学棉花研究所油菜课题组。实验材料种植于

山西农业大学棉花研究所（山西省运城市）试验地。

载体构建：用于基因转化的外源质粒是携带有目的基因的 pCaMGPAT19-RNAi 质粒（图 5-6）。该质粒上 T-DNA 区含有植物筛选标记基因 *NPT*Ⅱ基因，报告基因 *GUS* 基因和用于干扰油菜 *GPAT19* 基因表达的含有部分 *GPAT9* 基因（200 bp）的双链 RNA 序列。

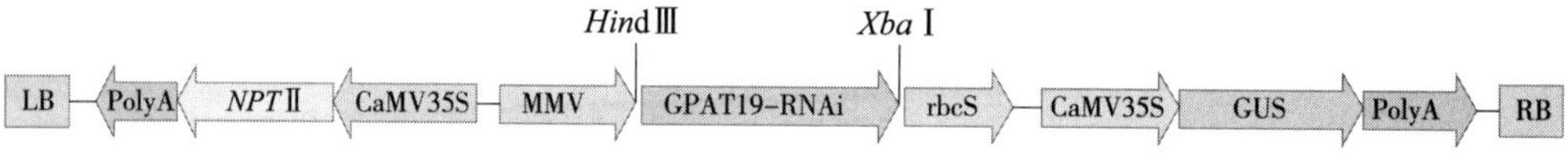

图 5-6　pCaMGPAT19-RNAi 质粒的线性图谱

GUS 标记基因可编码 β- 葡萄糖苷酸酶（β-glucuronidase），用于 RNAi 转基因植株的鉴定；*NPT*Ⅱ为卡那霉素抗性基因，受 CaMV35S 启动子调控，PolyA 为其终止子。酶切位点 *Hin*d Ⅲ和 *Xba* Ⅰ为双链 RNA 的插入位点。

5.3.1.2　油菜植株的转化方法

油菜植株的转化方法基本同 4.2.1 节。

5.3.1.3　转基因检测方法

PCR 检测：在油菜植株生长到 5～6 片叶时，提取幼嫩叶片的 DNA，以 *GUS* 基因的特异引物，引物 1-F：5′-GTGAATCCGCACCTCTG-3′ 和引物 1-R：5′-ATCGCCGCTTTGGACATA-3′ 进行 PCR 扩增，鉴定转基因植株。

5.3.1.4　RNAi 植株鉴定

采用 *BnGPAT19* 基因中 RNAi 的特异引物，*GPAT19*-F：5′-GCTGATCTTACTCGCGTCCG-3′ 和 *GPAT19*-R：5′-TGTCCCGCTTCAACTCTTTC-3′，利用 qPCR 方法检测转基因植株中 *BnGPAT19* 基因的转录水平，确定出 RNAi 植株。

5.3.1.5　离体叶片抗菌核病鉴定方法

接种核盘菌前需要对菌核进行活化处理，即将保存于低温下的供试菌株核盘菌菌核接种于 PDA 培养皿平板的中心，放于 23℃的光照培养箱中倒置避光培养。当菌丝长满平板后，采集相同部位、大小均一且新鲜无破损的野生型和 RNAi 植株叶片，用蒸馏水冲洗并擦干后放置于铺有湿润吸水纸的托盘中待用。在超净工作台中，用经酒精灯灼烧过后冷却的、直径为 5 mm 的打孔器取 PDA 平板上的菌落边缘的菌块，并将菌丝块接种在叶片的同一部位上。然后用保鲜膜将托盘覆盖用来保持湿度，放置于 23℃下的光照培养箱中进行培养，分别于接种后的 24 h、48 h、72 h 观察并记录叶片的病斑情况。取野生型植株和 GPAT19-RNAi 转基因植株相同部位的离体叶片，将叶片沿菌斑边缘将叶片切成 1 cm^2 的小块，在 4℃下，用 2.5% 的戊二醛溶液固定液固定。青岛科创质量检测有限公司制备超薄切片，经醋酸双氧铀硝酸铅染色。用 JEM-1200EX 透射电镜观察细胞显微结构并拍照。

5.3.2 花粉介导法获得 GPAT19-RNAi 转基因植株

利用花粉介导法于 2016 年春对甘蓝型油菜品系 7B 进行了 GPAT19-RNAi 基因的转化，共对 358 个小穗进行了转化处理，其中结果荚的有 89 个小穗，结果荚率为 24.86%，共收获种子 278 粒。

在收获的 T_0 油菜种子中选取完好的、颗粒饱满的种子 209 颗，次年播种于山西太原温室试验地，当植株长出 5～6 片真叶时，利用 CTAB 法提取基因组总 DNA，然后通过 PCR 扩增检测野生型和 RNAi 转基因植株中 *GUS* 标记基因，进行油菜植株的分子鉴定（图 5-7）。在 209 株 T_1 代幼苗中，有 34 株 PCR 扩增为阳性，转化率为 16.27%。PCR 扩增为阳性的 RNAi 转基因植株生长发育到成熟期后，收获 T_1 代种子。

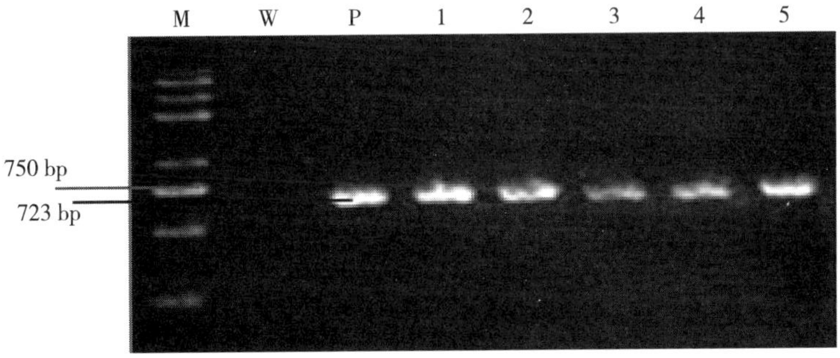

M—Maker，分子量标记；W—野生型植株；
P—pCaMGPAT19-RNAi 质粒；1～5—转基因植株。

图 5-7 野生型和拟转基因植株 PCR 扩增鉴定结果

2017 年 9 月，在收获的 34 株 T_1 油菜种子中选取 7 株，将这 7 株的所有种子播种于山西太原试验地，幼苗期提取野生型和转基因植株 DNA，PCR 扩增鉴定转基因纯系。经鉴定，这些 T_1 代的 RNAi 植株都表现为 *GUS* 阳性。

5.3.3 *GPAT19* 在植物生长发育中的作用

野生型和转基因株系种子萌发时间和出真叶时间见表 5-2。通过对种子的萌发及幼苗初期生长观察发现：转基因植株的种子萌发时间以及幼苗出真叶时间均晚于野生型植株。图 5-8 中显示了种子萌发第 5 天野生型种子和转基因种子的生长差异。同样条件下，野生型植株的萌发状况明显优于转基因植株。图 5-9 显示了野生型幼苗和转基因幼苗的生长差异。由图 5-9 可知，野生型植株幼苗的长势明显优于转基因植株，当野生型幼苗长出 2 片真叶时，转基因植株仅长出 1 片真叶，且转基因植株比较矮小，发育延迟。说明 *GPAT19* 可以影响植株生长发育。

表 5-2　野生型和转基因植株种子萌发及出真叶时间对比

株系	萌发时间 /d	出真叶时间 /d
野生型	3	15
RNAi-GPAT19	5	19

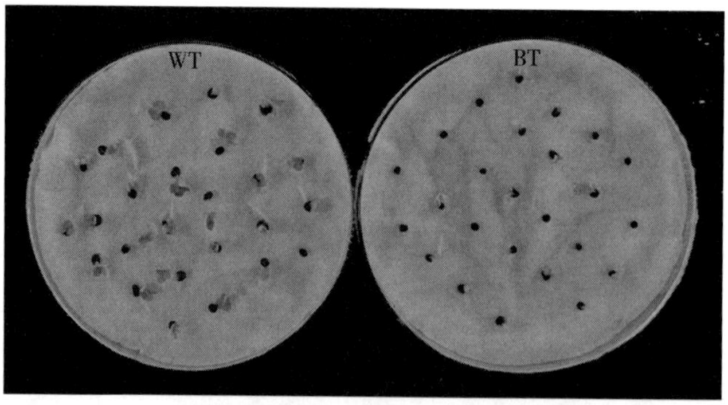

WT—野生型植株；BT—转基因植株。

图 5-8　野生型和转基因植株种子萌发情况（萌发第 5 天）

综上可知，植株中 *GPAT19* 基因表达受到干扰后，会影响种子萌发及植株生长发育。转基因植株种子的萌发需要更长的时间，萌发率也明显低于野生型植株，同时出真叶的时间也相对较晚。这一现象与植株体内三酰甘油合成和分解有关，转基

因植株中 *GPAT19* 基因表达量下降，三酰甘油的合成受到阻碍，导致 TAG 储存量降低，不利于种子萌发及为及时出真叶提供能量支持。

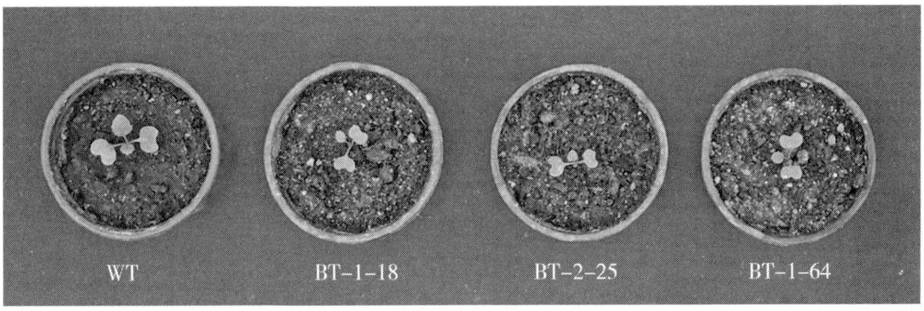

WT—野生型植株；BT-1-18、BT-2-25、BT-1-64—RNAi 转基因植株。

图 5-9 野生型和转基因植株幼苗生长情况（苗期第 20 天）

5.3.4 GPAT19-RNAi 植株细胞壁结构改变

植物叶片角质和蜡质样物质是植物防御和抵御外界病原微生物的重要物质。甘蓝型油菜体内角质和脂类物质的合成、代谢与 *GPAT19* 基因密切相关。植株体内 *GPAT1* 基因的表达受到干扰后，脂质以及生物膜脂等的合成都受到影响，导致细胞通透性增加，植物防卫作用降低。

5.3.4.1 叶片甲苯胺蓝染色实验

野生型和 GPAT-RNAi 植株离体叶片经 0.025% 甲苯胺蓝溶液染色 48 h 后取出，用流水将染色液冲洗后，肉眼观察发现（图 5-10）：野生型植株叶片的上下表面着色面积很小，约占叶片总面积的 5%，而 RNAi 植株 BT2-32 叶片的上、下表面染色面积较大且着色更深，约占叶片总面积的 60%。经乙醇逐级脱色处理后，RNAi 植株 BT2-32 着色较野生型明显增多。

5.3.4.2 叶片失水率测定

通过对野生型植株和 RNAi 植株叶片各时间段下失重的测定得出，经同样时间脱水处理后 RNAi 植株叶片失水率均高于野生型植株，说明野生型植株细胞壁的保护作用比 RNAi 植株强。从图 5-11 中我们还可以清楚地观察到在相同条件下，不同 RNAi 植株叶片失水率不同，BT2-32 各时间点下的失水率最大，BT2-25、BT1-

18 次之。在 7 h 后，野生型 WT 叶片的失水率为 72.39%，而 BT2-32、BT2-25、BT1-18 的失水率则分别达到 93.25%、89.26%、86.12%。

A、B—上、下表面染色 48 h 观察结果；C、D—上、下表面乙醇脱色观察结果。

图 5-10　野生型（WT）和 RNAi 植株（BT2-32）叶片甲苯胺蓝染色测定结果

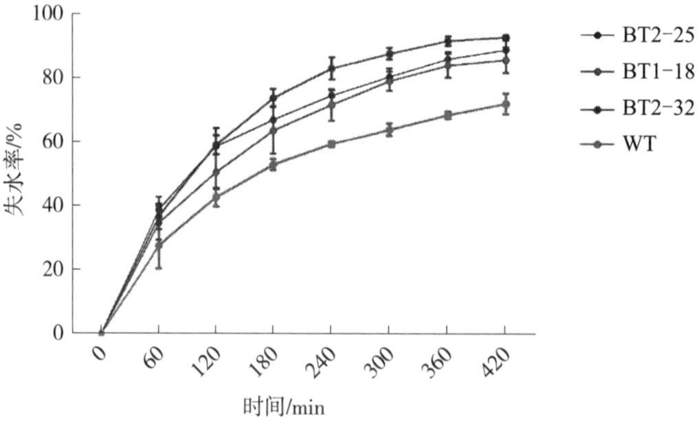

WT—野生型植株；BT2-32、BT2-25、BT1-18—RNAi 植株。

图 5-11　野生型和 RNAi 植株叶片失水率测定结果

通过对上述实验甲苯胺蓝染色、失水率测定的研究得出，降低 *BnGPAT19* 基因在转基因植株中的表达量，会影响 RNAi 植株的叶片结构，致使 RNAi 植株叶片的渗透性增加。

5.3.5 RNAi-GPAT19 植株对核盘菌的抵御能力下降

5.3.5.1 RNAi-GPAT19 植株对核盘菌易感性增加

在野生型和 RNAi 转基因植株离体叶片上接种核盘菌，离体培养 24 h、48 h、72 h 后，分别观察比较叶片上病斑的大小，结果见图 5-12 和图 5-13。实验发现，与野生型植株相比，RNAi 植株对菌核病的抗性较弱，容易受到病菌的侵染。从图 5-12A 中可以看出，接种核盘菌菌丝块 48 h 后 RNAi 植株的菌斑明显大于野生型植株；图 5-12B 量化了图 5-12A 中野生型和转基因植株上的病斑直径，在菌丝块侵染 48 h 后，野生型 WT 的菌斑直径约为 1.07 cm，而转基因植株 BT2-32 的菌斑直径最大，约 2.86 cm；BT1-84 的直径最小，是 1.71 cm，表明 RNAi 植株的细胞更容易受到病菌侵染。图 5-13A 是接种核盘菌菌丝块 24 h、48 h、72 h 后，转基因植株 BT2-32 与野生型植株的染病情况，从图中可以看出 BT2-32 的菌斑在这 3 个时间段下均显著大于野生型植株。由以上实验结果可得，干扰 *BnGPAT19* 基因表达后，植株的抗病性减弱，这可能是由于 RNAi 转基因植株中细胞壁的组成发生变化所致。

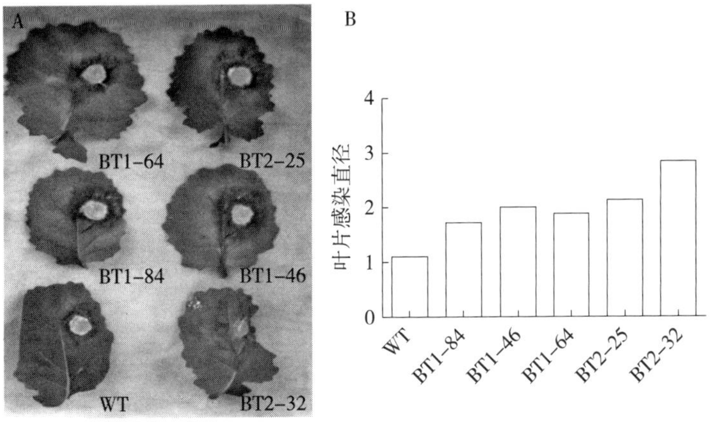

（WT—野生型植株，BT—RNAi 植株）

A—叶片接种菌丝块 48 h 后病斑大小记录；B—接种菌丝块 48 h 后病斑直径记录。

图 5-12 野生型和 RNAi 植株接种核盘菌 48 h 后染病结果

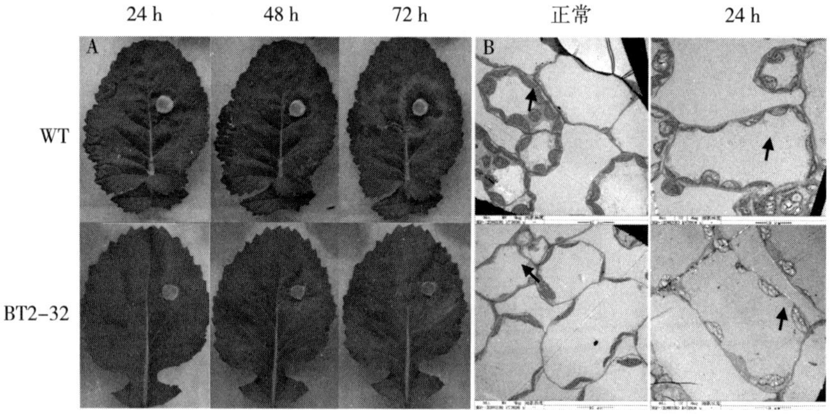

（WT—野生型植株；BT-2-32—RNAi 植株）
A—叶片接种核盘菌；B—叶片细胞结构显微照片。

图 5-13　野生型和 RNAi 植株离体叶片对菌核病抗性和叶片透射电镜观察结果

5.3.5.2　GPAT-RNAi 植株细胞壁角质层减少

对野生型和 RNAi 转基因植株的离体叶片接种菌丝块 0 h 和 24 h 后进行了透射电镜观察（图 5-13B）。从图 5-13B 中可以看出，相对于自然状态下正常生长的野生型植株（接种菌丝块 0 h），GPAT19-RNAi 转基因植株离体叶片的细胞壁较薄而且组成松散，角质积累的小块明显少于野生型植株。这一现象在接种菌丝块 24 h 的野生型和 RNAi 转基因植株中也可以明显地观察到，这些角质沉淀形成的小块在野生型和 RNAi 植株的细胞壁上都呈间隔排列，但在 RNAi 转基因植株中这些小块的形状明显区别于野生型植株，多呈扁平状，较薄，且排列间隔更大。从图 5-13B 中还可观察发现，接种菌丝块 24 h 后，相比于野生型植株，RNAi 转基因植株细胞壁上的角质小块结构破坏严重，多呈现亮白色。这说明接种菌丝相同的时间下，转基因植株的发病情况明显严重于野生型植株，体现在细胞受侵染更严重，发病速度更快，菌斑直径更大。

综上所述，干扰 *GPAT19* 表达会导致植株细胞壁上角质沉淀减少，细胞壁变薄且组成松散，更容易受到病原微生物的侵害，植株防卫作用减弱。

5.3.6　*GPAT19* 基因参与植物抗病响应

甘油脂质是植物中含量较高的脂质，其种类包括磷脂、糖脂、胞外脂等，广泛参与不同的生物过程。GPAT 是植物脂质合成的限速酶，其在植物抗病防御中发挥着重要作用。在植物脂质代谢中，*CER1* 基因是脱羰基途径上编码催化醛脱羰反应的酶，其可催化烷类物质的合成；*MAH1* 基因是烷羟化酶基因，可催化烷烃生成次级醇和酮类，位于由长链脂肪酸进一步合成各个不同成分的脱羰基途径（the decarbonylation pathway）上；*PTP1* 基因则是酪氨酸蛋白磷酸酶基因，属于一种蛋白磷酸酶，具有水解酶活性、蛋白磷酸酶活性、MAP 激酶活性、酪氨酸磷酸酶活性，参与植株对菌核病的防卫反应。

离体叶片接种核盘菌的实验表明，与野生型相比，RNAi 植株对核盘菌的敏感性增加。为探讨 *GPAT19* 基因在植物抗病防御中的作用，对核盘菌侵染后植物病程相关蛋白的基因表达进行了研究。如图 5-14 所示，可以明显地观察到在油菜植株中成功转入 GPAT-RNAi 质粒后，植株 *GPAT19* 基因的表达均受到不同程度的抑制，其抑制范围为 25.37%～85.55%，其中 BT2-32 的表达量最低为 14.45%。同 *BnGPAT19* 基因，RNAi 植株中 *PTP1*、*CER1*、*MAH1* 的表达量也都发生了变化。RNAi 植株中以上 3 个基因的表达量均降低，且在同一株系中变化的趋势基本呈现一致性。

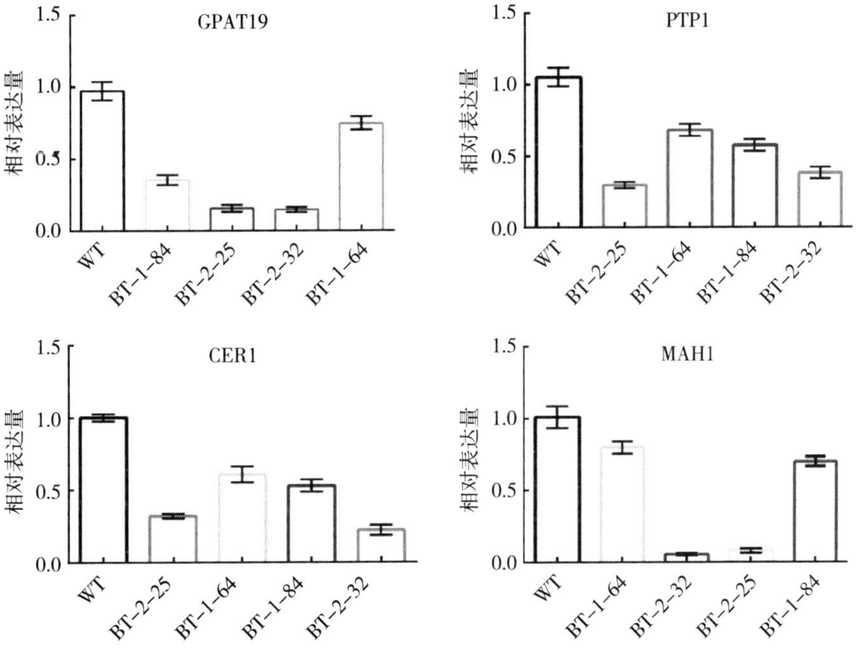

WT—野生型植株；BT—RNAi 植株。

图 5-14 野生型和 RNAi 植株基因相对表达量分析

BT2-32 中 *CER1*、*MAH1* 的表达量分别为 22.02%、4.31%。这说明 *BnGPAT19* 参与了细胞壁中角质层的合成，参与了植物的防卫反应；BT2-32 中 *PTP1* 的表达量为 44.76%，表明 *BnGPAT19* 还参与了植物对菌核病的防卫反应。

甘油 -3- 磷酸酰基转移酶调控植物体内三酰甘油以及膜脂等的生物合成，对脂质的合成代谢起着至关重要的作用。我们通过 RNA 干扰技术，降低了 *BnGPAT19* 在油菜转基因植株中的表达水平，导致转基因植株叶片的渗透性增加，植株对菌核病的防卫能力降低。研究发现，在转基因植株中，与角质合成以及菌核病防卫相关的 *CER1*、*MAH1*、*PTP1* 基因表达量也都降低了，证明 *BnGPAT19* 在植物防卫中具有重要作用。

参考文献

[1] Chuang C F, Meyerowitz E M. Specific and heritable genetic interference by double-stranded RNA in *Arabidopsis thaliana*[J]. Proc Natl Acad Sci U S A, 2000, 97(9): 4985-4990.

[2] 谢丽娟，饶文平，吴凌敏，等 . RNA 干扰技术及其在烟草中的应用研究进展 [J]. 云南农业大学学报（自然科学版），2016，31(6): 1127-1132.

[3] 张恭，刘立峰，马峙英 . RNA 干扰及其植物抗病毒应用 [J]. 中国农学通报，2007，7(1): 42-45.

[4] Guo S, Kemphues K J. *par-1*, a gene required for establishing polarity in C. elegans embryos, encodes a putative Ser/Thr kinase that is asymmetrically distributed[J]. Cell, 1995, 81(4): 611-620.

[5] Fire A, Xu S, Montgomery M K, et al. Potent and specific genetic interference by double-stranded RNA in *Caenorhabditis elegans*[J]. Nature(London), 1998, 391(6669): 806-811.

[6] Heo I, Kim V N. Regulating the Regulators: Posttranslational modifications of RNA silencing factors[J]. Cell, 2009, 139(1): 28-31.

[7] Hannon G J. RNA interference[J]. Nature, 2002, 418(6894): 244.

[8] Segal G, Song R, Messing J. A new Opaque variant of maize by a single dominant

RNA-interference-inducing transgene[J]. Genetics(Austin), 2003, 165(1): 387-397.

[9] Shi J, Lang C, Wu X, et al. RNAi knockdown of fatty acid elongase1 alters fatty acid composition in *Brassica napus*[J]. Biochem Biophys Res Commun, 2015, 466(3): 518-522.

[10] Tian B, Sun D, An, et al. Analysis of the RNAi targeting FAD2 gene on oleic acid composition in transgenic plants of *Brassica napus*[J]. African Journal of Microbiology Research, 2011, 5(7): 817-822.

[11] Jung H J, Jung H J, Ahmed N U, et al. Development of self-compatible *B. rapa* by RNAi-mediated S locus gene silencing[J]. PLoS One, 2012, 7(11): e49497.

[12] Wang J, Wang X, Geng S, et al. Genome-wide identifcation of hexokinase gene family in *Brassica napus*: structure, phylogenetic analysis, expression, and functional characterization[J]. Planta, 2018, 248: 171-182.

[13] Jingxue W, Sanjay Kumar S, Siyu G, et al. Genome-wide analysis of glycerol-3-phosphate O-acyltransferase gene family and functional characterization of two cutin group CPATs in *Brassica napus*[J]. Planta, 2020, 251: 93.

6 基因编辑技术（CRISPR/Cas）及其应用

6.1 基因编辑技术

植物转基因技术、RNAi 技术都为我们定向改造植物的遗传性状，提供了强有力的工具，然而由于公众对转基因安全性的担忧，世界各国都对转基因作物采取了各自不同的监管措施。我国对转基因作物也相继出台了一系列的监管政策。不同作物转基因品种商业化的进程不同。

随着人口的增长和城市化进程，人们对粮食、饲料以及能源需求的不断增加，对农业生产不断提出新的要求。全球气候的变化要求我们农作物品种的抗逆性，产量不断地提高，对品种改良提出了新的挑战。作物新品种的培育对于维护我国粮食安全具有重要意义。在农作物育种中新品种的突破来源于具有多样性和较大遗传差距的种质材料。常规育种中基础材料的改良需要较长的时间，同时数量性状，优良性状与不良性状的紧密连锁等给我们进行遗传改良带来了困难。近年来发展起来的基因编辑技术可以通过特定的工具酶，对双链 DNA 进行断裂和修复实现对基因的定点突变、插入和删除等编辑工作[1-4]。

Jansen 等发现并描述了一段成簇规律间隔短回文重复序列（Clustered Regularly Interspaced Short Palindromic Repeats，CRISPR）[4]。CRISPR 系统是一种适应性免疫系统，原核生物可以通过它抵御外来遗传因子，其过程可以分为 3 个阶段：将新的间隔子插入 CRISPR 序列中，CRISPR 相关元件的表达和加工以及 CRISPR 干扰。在 CRISPR 技术出现之前，锌指核酸酶（ZFNs）[3]、转录激活因子样效应子（TALEs）[5] 等技术已经可以实现靶向基因组修饰，但是较低的编辑效率限制了其进一步应用。CRISPR/Cas 基因编辑技术作为第三代基因组编辑技术所具有的简单、特异性和可扩展性强的特点使其成为一种理想的基因组调控、改造的遗传操作工具。

CRISPR/Cas 系统分为 Type Ⅰ、Type Ⅱ 和 Type Ⅲ 3 种类型，Type Ⅰ 系统与 Type Ⅲ

系统作用机制复杂，而 Type Ⅱ 系统构造简单，仅需要 Cas9 蛋白和 sgRNA 的共同作用就可以实现基因编辑目的。CRISPR/Cas9 系统在细菌和古细菌中起适应性免疫系统的作用，被设计用于动物和植物研究中的位点特异性靶向诱变。Cas9 核酸内切酶由一个 20 bp 的向导 RNA（gRNA）指导，可以切割目标 DNA 序列，随后是一个包含核苷酸 5′-NGG-3′- 的 PAM 基序[6]。其产生的双链断裂位点可以通过同源导向修复或非同源末端连接来修复[7]；非同源末端连接介导的 Cas9/gRNA 系统在植物基因组编辑中最常见[8]。随后，由 Cas9 诱导的双链 DNA 断裂将触发 DNA 修复机制，特别是容易出错的非同源末端连接（NHEJ）机制，以重新连接断裂的染色体。这种 NHEJ 途径通常在特定的靶位点引起插入和缺失（indels）或移码突变[2]。这种高效的靶向诱变方法已经被应用于水稻、油菜、大豆、高粱、小麦等许多农作物的遗传改良和基因功能研究中[9-12]。CRISPR/Cas9 基因编辑技术具有通过精确编辑加速植物基因工程和作物改良的潜力，为农作物基因改良提供了一条快速途径[1-2]。

6.2 基因编辑技术研究油菜 *BnTNLR1* 基因功能

6.2.1 材料与方法

6.2.1.1 植物材料

甘蓝型油菜品系 5147B（种植于山西省农业科学院棉花研究所试验地）。

6.2.1.2 植物转化载体

用于基因编辑的载体为 pRGEB31-Cas9-BnTNLR1，图谱见图 6-1。该载体上含有潮霉素抗性基因 *HPTII*、Cas9、sgRNA。宿主为 *E.coil* DH5α。

核盘菌（*Sclerotinia sclerotiorum*）菌核保存于本实验室。

图 6-1 pRGEB31-Cas9-Bntnlr1 基因编辑载体线性图谱

6.2.1.3 植株转化方法

在油菜开花期，采集当天开花的新鲜花粉利用花粉介导法进行基因转化，具体操作方法同 4.2.1 节。

6.2.1.4 基因编辑植株检测方法

T_0代转基因植株长到 4～5 片叶时，提取转基因植株的叶片 DNA，用以下 HPTII-F/HPTII-R 引物进行 PCR 扩增。阳性植株再用 BnTNLR1-F（1）/BnTNLR1-R（1）和 BnTNLR1-F（2）/BnTNLR1-R（2），进行巢式 PCR 扩增。扩增产物送上海生工生物有限公司进行测序。

引物序列如下：

HPTII-F：5′-ATACTGCAGTCTTTGCCCTCGGACGAGT-3′

HPTII-R：5′-CGCCTCGAGCTCGAGCTTTCGCAGATCCGG-3′

BnTNLR1-F（1）：5′-GCTGCTATCTCAGTGTGTATTTGG-3′

BnTNLR1-R（1）：5′-AAAGAAGCCACATCCGTCAAGC-3′

BnTNLR1-F（2）：5′-CGATGGAAGTGATTGACTACGC-3′

BnTNLR1-F（2）：5′-CGATGGAAGTGATTGACTACGC-3′

6.2.1.5 油菜离体叶片菌核病接种方法

采取野生型和突变体植株同一生长位置的新鲜叶片进行核盘菌菌丝块接种，接种方法同 5.3.1.5 节。接菌 48 h、72 h 后观察记录油菜叶片病斑大小并拍照。

6.2.1.6 超氧化物歧化酶（SOD）、过氧化氢酶（CAT）活性测定

对野生型和突变体油菜接种核盘菌 48 h 后，取野生型和突变体植株病斑附近叶片 0.1 g，在研钵中加入液氮，研磨至淡绿色粉末后，按照超氧化物歧化酶（SOD）活性检测试剂盒、过氧化氢酶（CAT）活性检测试剂盒说明书进行酶活活性的测定和数据分析。

6.2.1.7 抗病相关基因 qRT-PCR 分析

油菜 Actin 和抗病相关基因引物序列如下：

BnActin-F：5′-CCCTGGAATTGCTGACCGTA-3′

BnActin-R：5′-TGGAAAGTGCTGAGGGATGC-3′

BnPGIP1-F：5′-ACAGGTCCCATACCAGAGTC-3′

BnPGIP1-R：5′-GGAAGAGGTGCATCACATAG-3′

BnTNLR1-F：5′-GCTGCTATCTCAGTGTGTATTTGG-3′

BnTNLR1-R：5′-AAAGAAGCCACATCCGTCAAGC-3′

BnPDF1.2-F：5′-CATCACCCTTCTCTTCGCTGC-3′

BnPDF1.2-R：5′-ATGTCCCACTTGACCTCT-3′

6.2.2 *BnTNLR1* 基因定位及核盘菌诱导表达分析

对野生型油菜叶片进行核盘菌菌丝块接种处理，接种 0 h、3 h、6 h、12 h、24 h、48 h 后分别采集叶片，测定油菜受核盘菌侵染后不同时期 *BnTNLR1* 基因相对表达量。结果表明，油菜受核盘菌侵染后，*BnTNLR1* 基因表达量发生显著变化，呈先升后降的趋势，侵染 3 h 后，*BnTNLR1* 基因表达量明显上调，达到未侵染时的 7 倍；12 h 时达到峰值，约为未侵染时的 15 倍。初步认为 *BnTNLR1* 基因是油菜抗菌核病的相关基因。

油菜 *BnTNLR1* 基因含有 NBS-LRR 结构，属于 NLR 类抗病基因。将 *BnTNLR1* 氨基酸序列在 NCBI 中进行 Blast 比对，选取了 30 个同源性最高的类抗病基因，并利用 MEGA 7.0 软件构建了系统发育进化树，从进化树中可以发现，30 个与 *BnTNLR1* 基因序列相似的基因中同源性最高的是拟南芥 *AtRRS1-R* 基因（NP 199339.2）。经 Blast 氨基酸序列比对发现，*BnTNLR1* 与拟南芥 *AtRRS1-R* 氨基酸序列相似度为 52.39%。

利用 MapInspect 软件对 *BnTNLR1* 基因进行了染色体定位，*BnTNLR1* 基因位于 A01 染色体 7.8 Mb 处。甘蓝型油菜 A01 染色体 12.44～19.85 Mb 处分布有抗菌核病 QTL[13]。通过查询抗菌核病基因染色体 QTL 定位，发现油菜 *BnNPR1* 基因位于 A01 染色体 11.03 Mb 处，与 *BnTNLR1* 基因相距较近[14]。

6.2.3 油菜突变体植株的鉴定

2019 年 4 月，采用花粉介导法将基因编辑载体转入甘蓝型油菜品系 5147B 中，并在 2019 年 5 月收获种子。T_0 油菜植株中，去雄总数 72 个，结果荚数 59 个，结果荚率为 81.9%，其中收获种子 214 粒。

2019 年 9 月，将收获的 214 粒 T_1 代种子播种于温室，待幼苗长出 5～6 片真叶时，通过 CTAB 法提取叶片 DNA。通过 Primer Premier 5.0 设计潮霉素筛选标记基因的引物。通过 PCR 扩增检测样品基因组 DNA 中的 HPT Ⅱ 基因，进行油菜转基因植株的鉴定。214 颗油菜植株中，19 颗为转基因植株。

对获得的 19 颗转基因植株 DNA 进行巢式 PCR 扩增，将转基因植株的 *BnTNLR1* 目的基因 PCR 产物送上海生工生物有限公司测序，测序结果表明，19 株转基因油菜中，7 株发生了突变，突变率为 36.8%。通过 DSDecode 在线分析软件，分析得出 7 株突变体均属于 A-T、C-T 的碱基替换。

利用 qRT-PCR 技术分析野生型和突变体植株 *BnTNLR1* 基因表达量，结果表明，与野生型相比，突变体植株的 *BnTNLR1* 基因表达水平均有不同程度的下降，下降程度为 5%～80% 不等，除 #97 下降不显著外，其他突变体植株 *BnTNLR1* 基因表达量均显著低于野生型。本研究所得突变类型均为单碱基替换的杂合突变，分析氨基酸序列发现，除 #130 甲硫氨酸（Met）替换为赖氨酸（Lys）外，其余突变体组氨酸（His）替换为酪氨酸（Tyr）。突变位置均位于 NBS 保守结构域，由于 NBS 结构域通过与 ATP/ADP 结合，改变抗病蛋白的构象，激活下游抗病相关基因的表达。因此，NBS 结构域的突变会影响 NBS 与 ATP/ADP 的结合，从而参与对下游抗病基因的调控。

6.2.4 *Bntnlr1* 突变体植株对菌核病的抗性降低

采取种植于温室中的 7～8 叶期的野生型和突变体油菜同一位置叶片，在离体叶片的同一位置接种菌丝块。于 48 h、72 h 后观察叶片病斑大小。结果发现，在 48 h、72 h 后突变体植株油菜的病斑均显著大于野生型油菜。测量油菜病斑直径发现，接种核盘菌 48 h 后，野生型植株的病斑直径为 0.85 cm，突变体植株的病斑最小是突变体 #97，长度为 1 cm，病斑最大的是突变体 #146，长度为 1.7 cm，约是野生型植株病斑直径的 2 倍。接种核盘菌 72 h 后，野生型和突变体植株的叶片病斑均增大，突变体植株病斑扩散更快，野生型油菜的病斑直径为 1.2 cm，突变体植株的病斑面积在 1.3～3.1 cm^2，显著大于野生型植株。因此，与野生型植株相比，突变体植株更容易感病。说明，*BnTNLR1* 基因与植物抗病响应有关。*BnTNLR1* 基因的突变，影响了油菜抗病应答，植株表现为更易感病。

6.2.5　*Bntnlr1* 突变体植株 SOD、CAT 酶活比野生型降低

植物生长发育过程中，遭受到生物及非生物胁迫时，植物细胞会产生自由基，对植物造成伤害，而超氧化物歧化酶（SOD）和过氧化氢酶（CAT）作为植物细胞的保护酶，通过清除植物体内活性氧的积累，防止氧自由基破坏细胞的组成、结构和功能，保护植物细胞免受氧化损伤，过氧化物酶活性也与植物的抗病响应有关。通过对突变体植株的 SOD、CAT 酶活性测定表明，与野生型相比，突变体植株 SOD、CAT 酶活均降低，其中 SOD 酶活下降为野生型的 30.3%～90.9%，CAT 酶活下降为野生型的 47.8%～91.3%，表明 *BnTNLR1* 基因的突变会导致 SOD、CAT 酶活降低，但不同植株降低程度不同。核盘菌是死体营养型真菌，活性氧的大量积累，有利于核盘菌的进一步侵染，这是造成突变体易感病的原因。

6.2.6　*BnTNLR1* 基因突变降低了油菜抗病响应蛋白的表达水平

植物防御素编码基因 *PDF1.2* [15-16] 和 *PGIP2* 在植物的抗病响应中具有重要作用。*PDF1.2* 基因是 JA/ET 抗病通路的标志基因。*PGIP2* 是植物半乳糖醛酸酶抑制蛋白，可以特异性地识别并结合病原菌半乳糖醛酸酶（PGs），诱导植物抗病的防御反应 [17]。

利用 qRT-PCR 技术测定了油菜幼苗接种核盘菌后，野生型和突变体植株 *PDF1.2* 基因和 *PGIP2* 基因表达量，测定结果表明，与野生型相比，突变体植株 *PDF1.2* 基因和 *PGIP2* 基因表达量均显著下降，下降幅度分别为 79%～91% 和 25%～58%。说明 *BnTNLR1* 基因参与了植物的抗病防御。

参考文献

[1] Lyzenga W J, Pozniak C J, Kagale S. Advanced domestication: harnessing the precision of gene editing in crop breeding[J]. Plant Biotechnol J, 2021, 19(4): 660-670.

[2] Bortesi L, Fischer R. The CRISPR/Cas9 system for plant genome editing and beyond[J]. Biotechnol Adv, 2015, 33(1): 41-52.

[3] Wood A J, Lo T W, Zeitler B, et al. Targeted genome editing across species using ZFNs and TALENs[J]. Science, 2011, 333(6040): 307.

[4] Jansen R, Embden J D A V, Gaastra W, et al. Identification of genes that are associated with DNA repeats in prokaryotes[J]. Molecular Microbiology, 2002, 43(6): 1565-1575.

[5] Reyon D, Tsai S Q, Khayter C, et al. FLASH assembly of TALENs for high-throughput genome editing[J]. Nat Biotechnol, 2012, 30(5): 460-465.

[6] Song G, Jia M, Chen K, et al. CRISPR/Cas9: A powerful tool for crop genome editing[J]. The Crop Journal, 2016, 4(2): 75-82.

[7] Wyman C, Kanaar R. DNA double-strand break repair: all's well that ends well[J]. Annual Review of Genetics, 2006, 40(1): 363-383.

[8] Lowder L, Malzahn A, Qi Y. Rapid evolution of manifold CRISPR systems for plant genome editing[J]. Front Plant Sci, 2016, 7: 1683.

[9] Jin M, Guo D, Zhang J, et al. Targeted mutagenesis in rice using CRISPR-Cas system[J]. Cell Research, 2013, 23(10): 1233-1236.

[10] Okuzaki A, Ogawa T, Koizuka C, et al. CRISPR/Cas9-mediated genome editing of the fatty acid desaturase 2 gene in *Brassica napus*[J]. Plant Physiol Biochem, 2018, 131: 63-69.

[11] Jacobs T B, LaFayette P R, Schmitz R J, et al. Targeted genome modifications in soybean with CRISPR/Cas9[J]. BMC Biotechnology, 2015, 15(1): 16.

[12] Char S N, Yang B. Genome editing in grass plants[J]. aBIOTECH, 2020, 1(1):

41–57.

[13] Li J, Zhao Z, Hayward A, et al. Integration analysis of quantitative trait loci for resistance to *Sclerotinia sclerotiorum* in *Brassica napus*[J]. Euphytica, 2015, 205(2): 483–489.

[14] 李霄，陈婷，鲍玲莉，等 . 甘蓝型油菜 *BnNPR1* 的序列及其环境信号响应分析 [J]. 江苏农业科学，2018，46(14)：6.

[15] Meng X, Xu J, He Y, et al. Phosphorylation of an ERF transcription factor by Arabidopsis MPK3/MPK6 regulates plant defense gene induction and fungal resistance[J]. Plant Cell, 2013, 25(3): 1126–1142.

[16] 贾燕涛 . 植物抗病信号转导途径 [J]. 植物学通报，2003，20(5): 602–608.

[17] Wang Z, Wan L, Xin Q, et al. Overexpression of *OsPGIP2 confers Sclerotinia sclerotiorum* resistance in *Brassica napus* through increased activation of defense mechanisms[J]. J Exp Bot, 2018, 69(12): 3141–3155.

后　记

种业是我们国家的战略性、基础性核心产业，是现代农业的“芯片”，只有种业安全有保障，我国粮食安全的“根基”才能稳固。目前，世界种业已进入“常规育种＋生物技术＋信息化”的育种“4.0时代”，正迎来以基因编辑、全基因组选择、人工智能等技术融合发展为标志的新一轮科技革命。习近平总书记在党的十九大报告中提出实施乡村振兴战略，强调确保国家粮食安全，把中国人的饭碗牢牢端在自己手中。这对于我国种业而言，既是挑战，更是难得的发展机遇。生物育种无疑是未来种业发展的方向，而以转基因技术为基础的精准育种则是生物育种的重要组成部分。在这个生物技术高速发展的时代，作为深耕这一学科领域多年的研究者，以我的绵薄之力为社会与时代做一份贡献，是我写作此书的初衷。

2022年是山西大学建校120周年纪念日，也是山西省生物技术院士工作站成立的第三个年头。为了表达对母校以及恩师的感恩之心，特地精选我与我们团队近二十年的工作与研究成果，并最终汇编成册，献给我的母校——山西大学，以及山西省生物技术院士工作站。

山西大学是一所具有百年办学经验的老校，形成了“中西会通、求真至善、登崇俊良、自强报国”的光荣传统和“勤奋、严谨、信实、创新”的优良校风，使得这所百年老校焕发出新的活力，入选国家“双一流”建设高校，更使这座学术殿堂迈入了一个新的发展历程。2005年以来，我有幸在山西大学工作了将近20年，包容、宽松、多元化的文化氛围给我的科研工作提供了极好的条件。时值母校120周年华诞，作为一名山大人，我的内心充满了喜悦。

山西省生物技术院士工作站以中国工程院院士、欧亚科学院院士、香港中文大学善衡书院创院院长辛世文先生为核心，我非常荣幸地担任院士工作站的副站长。辛世文先生是我的恩师，我曾非常荣幸地加入香港中文大学辛院士团队，进行了为期三年半的研究工作，耳濡目染了辛院士科学、公正、严谨的治学精神以及不断创新的科学思想体系。恩师教诲给我打下了深深的烙印，并一直是激励我前行的动力。收录在本书中的绝大部分重要科研成果，正是在辛院士的指导、鼓励下完成的。在此，特向辛院士表示深深的崇敬与谢意！

在这里，我还要感谢山西农业大学生命科学学院孙毅研究员，中山大学生命科学学院徐培林教授和山西大学生物技术所梁爱华教授多年来的栽培及为本书部分工作提供的指导和帮助。最后，还要感谢我的研究生李永虎、王耀辉、王晓敏、耿思宇、张姗姗、高亚婷、李欣宇、徐启宇、卫宇翔等，他们曾做了大量的实验及文字整理工作，为本书的编写付出了辛勤的劳动。中国环境出版集团张佳老师为本书的出版做了大量的文字编辑工作，在此一并感谢！